RECHERCHES

SUR LES

MATIÈRES COLORANTES DU FOIE

ET DE LA BILE

ET SUR LE FER HÉPATIQUE

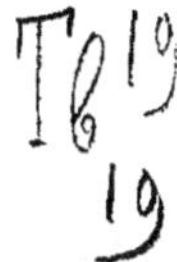

RECHERCHES

SUR LES

MATIÈRES COLORANTES DU FOIE

ET DE LA BILE

ET SUR LE FER HÉPATIQUE

PAR MM.

A. DASTRE

PROFESSEUR DE PHYSIOLOGIE A LA FACULTÉ DES SCIENCES DE PARIS

ET

N. FLORESCO

DOCTEUR ÈS-SCIENCES

PARIS

G. STEINHEIL, ÉDITEUR

2, RUE CASIMIR-DELAVIGNE, 2

1899

INTRODUCTION

Ces études portent sur deux objets principaux qui forment les deux divisions principales de notre travail :

1° Les pigments biliaires, c'est-à-dire les matières colorantes que l'on trouve dans la sécrétion du foie chez les vertébrés et chez un certain nombre d'invertébrés.

2° Les pigments hépatiques, c'est-à-dire les matières qui colorent le tissu lui-même du foie.

A ces deux questions principales sont venues se rattacher par un lien direct d'autres questions qui ne leur cèdent pas en importance, telles par exemple que la question du fer hépatique. La présence constante du fer dans le foie tant des vertébrés que des invertébrés a conduit à attribuer à cet organe un rôle particulier dans la fixation et l'évolution physiologique de cet élément essentiel à la vie ; c'est ce rôle qui est caractérisé par le nom de *Fonction martiale du foie*.

PREMIÈRE PARTIE

PIGMENTS BILIAIRES EN GÉNÉRAL.

—

1. Matières colorantes de la bile en général. — La coloration de la bile est due à certaines substances, désignées sous le nom de pigments. La bile fraîche contient un seul pigment originel, dont tous les autres ne sont que des dérivés : c'est la bilirubine $C^{32}H^{36}Az^4O^6$ ou pigment jaune rouge.

Le dérivé, le plus important, le plus répandu, c'est la biliverdine $C^{32}H^{36}Az^4O^8$, qui s'obtient du précédent par simple oxydation. Tous les autres dérivés, qui se trouvent dans les calculs biliaires ou dans le tube digestif ou qui sont obtenus artificiellement, par la réaction de Gmelin, par l'iode alcoolique, par l'eau iodée, l'eau bromée et l'eau chlorée, par l'amalgame de sodium, l'hydrogène sulfuré, etc..., proviennent de ces deux-là par oxydation, réduction ou hydratation.

D'après l'opinion générale, les deux pigments fondamentaux, bilirubine et biliverdine, existeraient seuls à l'origine. On n'en trouverait pas d'autres dans la bile fraîche de la vésicule chez la plupart des vertébrés (abstraction faite peut-être de quelques pigments accessoires tels que la cholohématine du mouton, etc.) ; la bilirubine seule existerait dès le premier moment dans les canaux biliaires. Tous les autres pigments seraient des produits de formation secondaire ou pathologique.

Nous démontrerons, au cours de ce travail, contrairement à cette vue, l'existence dans la bile normale de pigments nouveaux différents des deux pigments précédents et intermédiaires entre eux.

On devra désormais admettre que presque toutes les biles contiennent trois sortes de pigments : *le pigment originel bilirubinique*, des *pigments intermédiaires* que nous avons nommés *biliprasiniques* et le *pigment définitif* ou *biliverdinique*.

On professait, jusqu'à présent, que la couleur jaune de la bile naturelle était due au seul pigment bilirubinique, et sa couleur verte au seul pigment biliverdinique. L'opinion commune identifiait donc le pigment jaune avec la bilirubine, le pigment vert avec la biliverdine. C'est là une erreur.

Il y a une seconde matière jaune, le *biliprasinate* ; et une seconde matière verte, la *biliprasine*. Le changement du jaune au vert peut être le simple passage de celle-ci à celle-là et s'accomplir par l'action d'un acide : il peut être aussi le passage de la bilirubine à la biliprasine et à la biliverdine et s'accomplir par l'action de l'oxygène. Le verdissement de la bile jaune pourra donc s'accomplir avec ou sans oxygène ; et, cette remarque aura son importance si l'on considère que l'on a voulu se servir de ce caractère pour apprécier précisément les oxydations qui peuvent s'accomplir dans l'organe hépatique.

CHAPITRE PREMIER

Pigments biliaires isolés.

§ 1. — Pigment originel ou bilirubinique.

a) *Bilirubine.*

2. Propriétés. — La bilirubine [$C^{32}H^{36}Az^4O^6$] se présente sous la forme d'une poudre rouge sombre. Au point de vue chimique, c'est un corps à fonction acide ; c'est un acide monobasique, déplaçant l'acide carbonique des carbonates alcalins, en produisant des bilirubinates neutres. Quand on la fait agir sur les carbonates, elle se dissout d'abord, puis déplace une portion équivalente d'acide carbonique. La bilirubine est insoluble dans l'eau, dans l'éther de pétrole et dans l'acide acétique glacial ; peu soluble dans l'éther, l'alcool, la térébenthine, la glycérine à chaud ; plus soluble dans le sulfure de carbone, l'alcool amylique, la benzine ; très soluble dans le chloroforme qui est son véritable dissolvant.

Ces solutions ont un pouvoir colorant très intense ; une solution chloroformique à 1 pour 40000 colore encore en jaune les tissus ; par évaporation les solutions chloroformique, benzinique, laissent déposer la bilirubine à l'état cristallisé.

3. État naturel. — La bilirubine existe-t-elle en dissolution dans les biles jaune ou rouge de l'homme et des animaux (porc, chien) ou en combinaison ? Telle est la première question, qui nous a occupés. Nous avons constaté l'insolubilité de la bilirubine pure dans les constituants de la bile, pris isolément ; dans les sels biliaires et enfin dans le mélange nommé bile décolorée, qui contient presque tous les éléments de la bile, sauf les substances colorantes.

Expérience. — On obtient la bile décolorée, en traitant la bile par la poudre de charbon animal, de la manière suivante (1) : 100 centimètres cubes de bile fraîche verte de veau, sont mélangés avec 40 grammes de noir animal bien lavé. Après quelques heures de repos, on évapore au bain-marie ; la masse obtenue, refroidie, est traitée par l'eau distillée et ramenée au volume primitif. Le liquide est filtré, on obtient ainsi une liqueur claire, incolore.

Ceci posé, la bilirubine est mélangée à la bile décolorée dans les proportions de 1 centigramme pour 10 centimètres cubes. En agitant, le liquide se colore légèrement en jaune, mais la plus grande partie de la poudre se dépose sur le fond.

La teinte légère qu'on observe tient à la présence d'une petite quantité de carbonates alcalins, qui possèdent la propriété de dissoudre la bilirubine, ou mieux de former une combinaison avec elle.

En effet, si l'on neutralise la liqueur exactement, par une solution diluée d'acide chlorhydrique à 1 pour 100, elle cesse de se colorer, la bilirubine n'y est pas du tout soluble.

En résumé, on doit admettre que dans la bile, la bilirubine ne se trouve pas à l'état de nature, mais à l'état de bilirubinates alcalins.

Il s'établit évidemment, dans la bile, un partage des alcalis entre les acides parmi lesquels, la bilirubine ; d'autre part, la quantité du pigment étant très petite dans la bile [son pouvoir tinctorial est considérable], les bili-

(1) Article Bile, par A. DASTRE. *Dictionnaire de physiologie* de Ch. RICHET.

rubinates pourraient être considérés comme dissociés, à ce degré de dilution étendue. Ce n'est que dans ce sens, qu'il serait possible de dire qu'une petite partie de la bilirubine se trouve dans la bile à l'état de nature (dissociation). En réalité la presque totalité est à l'état de combinaison alcaline.

Par rapport au pigment la bile peut donc être considérée, comme une solution de bilirubinate alcalin, dans le carbonate de soude.

4. Oxydation de la bilirubine. — Transformation du pigment. — Nous étudierons, d'abord la bilirubine seule, en poudre, en solution chloroformique, en solution glycérique ; puis ses sels, les bilirubinates.

On dit que la bilirubine $C^{32}H^{36}Az^4O^6$, s'oxyde lentement à l'air et se change en biliverdine : $C^{32}H^{36}Az^4O_8$.

Cette transformation ne se produit que pour les bilirubinates [par ex. : $C^{32}H^{35}NaAz^4O^6$] de couleur rouge-jaunâtre, qui se changent en biliverdinates [$C^{32}H^{34}NaAz^4O^8$], de couleur verte.

Expérience. — La bilirubine en poudre laissée dans un tube à essai plusieurs mois, exposée à la lumière, en contact avec l'air, n'a subi aucun changement.

Chauffée à 100° pendant plusieurs heures, elle ne change pas davantage.

Expérience. — On prépare une solution de bilirubine dans le chloroforme :

Bilirubine, 0 gr. 01.

Chloroforme, 10 centimètres cubes.

On agite tous les jours, à la lumière. Après un mois, le chloroforme évaporé lentement, n'a laissé au fond du tube qu'un amas d'une poudre de bilirubine et sur les parois un léger dépôt formé d'anneaux verts. Traitée par l'alcool, la masse prend une couleur verdâtre (biliverdine). L'oxydation de la bilirubine a été très faible ; elle a coïncidé d'ailleurs, avec l'altération lente du chloroforme.

La lumière détruit donc plus ou moins lentement les solutions de bilirubine dans le chloroforme.

Capranica (1) admet que la lumière peut amener l'oxydation de la solution chloroformique. Nous ne pouvons pas confirmer cette assertion.

Expérience. — Dissoute dans la *glycérine à chaud*, la bilirubine, après plusieurs jours, n'a pas changé.

Il en est de même avec les corps gras ; la bilirubine dissoute dans le chloroforme en quantité suffisante, est mélangée avec l'huile d'olive (neutre). Le mélange se fait très bien. En évaporant par la chaleur le chloroforme, la bilirubine abandonne l'huile et se concentre au fond du tube dans la goutte de chloroforme non évaporé.

Ainsi, dans tous les cas, grande résistance à l'oxydation directe, qui s'explique par la difficulté de contact avec l'oxygène.

En employant des agents oxydants faibles, tels que *l'eau oxygénée* étendue, le contact n'est pas moins difficile, il n'y a contact avec l'oxygène que pour les petites portions dissoutes dans l'eau chloroformée ; conséquemment oxydation faible et lente.

En résumé : la bilirubine elle-même est peu accessible à l'oxygène et difficilement transformable en biliverdine. Cette fixation d'oxygène ne peut être obtenue que par des artifices chimiques. C'est ce qu'ont fait Hugounenq et Doyon avec le bioxyde de sodium, Jolles avec la solution alcoolique d'iode, Haycraft et Scofield avec l'éther ozonisé ou avec le pôle positif du courant électrique appliqué à la bilirubine biliaire imbibant un papier filtre, et nous-

(1) CAPRANICA, *Archives de biologic italiennes*, 1882, p. 87.

mêmes avec le bioxyde d'hydrogène. On verra que réciproquement la transformation inverse de biliverdine en bilirubine peut être obtenue par les agents chimiques de réduction (amalgame de sodium, hydrogène sulfuré, pôle négatif de la pile, etc.).

Nous venons de voir que ces transformations ne se produisent pas spontanément à l'air, c'est-à-dire que les solutions de bilirubine vraie n'absorbent pas l'oxygène de l'air pour passer à l'état de biliverdine. La transformation, au contraire, se produit avec les bilirubinates qui deviennent biliverdinates. Voilà donc ce que l'on entend, lorsque l'on parle de la transformation lente à l'air de la bilirubine en biliverdine ; on a en vue les sels correspondants.

Il faut être prévenu de cet abus de mots qui se commet continuellement ; on dit *bilirubine* au lieu de *bilirubinate* ou inversement. On confond donc trop souvent, dans le langage, l'acide avec son sel alcalin. De même, quand on emploie le mot « *pigment fondamental* », on l'applique indifféremment à la bilirubine ou aux bilirubinates. Les indications que nous venons de fournir montreront suffisamment dans chaque circonstance s'il s'agit de l'acide ou du sel.

b) *Les bilirubinates.*

On peut dissoudre la bilirubine (acide bilirubinique) dans la soude ou les carbonates alcalins jusqu'à neutralité ; on a ainsi non pas une solution, mais un véritable sel. L'alcali joue un double rôle : il se combine à l'acide, puis il agit comme dissolvant du sel.

Inversement, les acides minéraux décomposent les bilirubinates alcalins et déposent la bilirubine insoluble.

Les bilirubinates alcalins sont solubles dans l'eau, comme tous les sels alcalins : ils sont insolubles dans le chloroforme.

Réaction caractéristique avec la lessive alcaline. — Si l'on part d'une solution chloroformique de bilirubine, et si l'on agite cette solution avec une lessive alcaline, la bilirubine quitte le chloroforme qui se décolore pour passer à l'état de bilirubinate dans la liqueur aqueuse. Celui-ci reste dissous si la quantité d'eau est suffisante : mais si l'on a opéré avec une faible quantité d'alcali concentré, le bilirubinate se précipite. De même le sulfate d'ammoniaque à saturation précipite les bilirubinates alcalins.

Cette réaction différencie la bilirubine d'autres pigments tels que la lutéine des corps jaunes ovariens et du jaune d'œuf dont les solutions chloroformiques agitées avec le carbonate de soude n'abandonnent pas à celui-ci leur matière colorante.

Les bilirubinates alcalins agités au contact de l'oxygène ou simplement abandonnés à l'air se transforment en *biliverdinates*.

Sels alcalino-terreux. — La bilirubine se combine encore avec les terres alcalines pour former des *bilirubinates alcalino-terreux*.

Ces sels sont insolubles dans l'eau et insolubles dans le chloroforme. Ils constituent la masse principale de certains calculs biliaires (calculs de bilirubinate de chaux uni à d'autres substances, chez le veau).

Si l'on part d'un bilirubinate alcalin, on le transforme facilement en bilirubinate alcalino-terreux en le traitant par une solution de sel terreux, par exemple par le chlorure de calcium. Le bilirubinate calcique insoluble se dépose : il a pour formule $C^{32}H^{34}NaAz^4O^6$.

Les bilirubinates de plomb, d'argent, etc., sont également insolubles.

Voici le tableau des solubilités :

	EAU.	CHLOROFORME.	ALCOOL.	ÉTHER.
Bilirubine.	Insoluble.	Soluble.	un peu soluble.	très peu soluble.
Bilirubinates alcalins	Solubles.	Insolubles.	Insolubles.	
Bilirubinates alcalino-terreux . . .	Insolubles.	Insolubles.	Insolubles.	Insolubles.

5. Préparation du bilirubinate de sodium. — On prend 0 gr. 066 de bilirubine en poudre pour 100 centimètres cubes de la solution de carbonate de soude à 1 pour 1000. Le pigment se dissout rapidement, en prenant une couleur jaune rouge.

Le liquide contient du bilirubinate de soude et du carbonate de soude : c'est ce mélange que l'on appelle la solution alcaline. La solution neutre s'obtient en neutralisant exactement avec l'acide acétique ou l'acide chlorhydrique ; c'est un liquide qui à côté du bilirubinate contient de l'acétate et du chlorure de sodium.

6. Couleur. — 1° Les bilirubinates alcalins sont solubles dans l'eau. Contrairement à l'opinion commune (Staedeler) ils y sont peu solubles (100 grammes d'eau dissolvent moins de 0 gr. 006 de bilirubinate de soude à la température ordinaire) ; ils sont solubles dans les alcalis et les carbonates alcalins.

2° La coloration d'une solution de bilirubine ou de bilirubinate varie graduellement du rouge grenat sombre au jaune paille, suivant la concentration. Les couleurs extrêmes sont très distinctes : rouge et jaune.

Prenons comme dissolvant le carbonate de soude à 1 pour 100 ; ajoutons-y de la bilirubine : si la quantité atteint 0 gr. 04 pour 100 du dissolvant, la couleur est rouge ; en augmentant le dissolvant, la couleur devient jaune paille ; si l'on continue à étendre le carbonate de soude, la teinte restera jaune et sera seulement diluée.

On aura le même résultat en employant des solutions de soude aux titres de 15 pour 100, 30 ou 60 pour 100.

En ajoutant des acides (acide acétique, par exemple), on ne fera que diluer la liqueur tant qu'on ne dépassera pas la neutralisation ; l'effet sur la couleur sera donc le même : à la couleur rouge, correspondant à la concentration forte, succédera le jaune de plus en plus clair des concentrations faibles.

Il est à remarquer que les choses se passent de même avec les solutions de bilirubine dans le chloroforme. La bilirubine acide et ses sels alcalins se comportent donc de même au point de vue de leur teinte dans les solutions.

3° D'après la couleur, on peut se faire une idée de la teneur en bilirubine d'une solution de bilirubinate et de sa réaction.

Les solutions de bilirubinate de soude dans l'eau, sont toujours jaune paille. Elles ne peuvent pas être rouges parce qu'elles ne contiennent pas pour cela assez de bilirubinate, qui est faiblement soluble dans l'eau : aussi lorsqu'en prenant une solution de bilirubinate dans le carbonate à 1 pour 100, on neutralise par l'acide acétique ou l'acide chlorhydrique, une partie du bilirubinate est précipitée et la liqueur, tout à fait neutre, présente une couleur jaune clair. Le jaune paille est la teinte d'une solution neutre ; une couleur rouge indique au contraire un liquide riche en pigment et de réaction alcaline. Dans les liqueurs franchement acides le bilirubinate est simplement en suspension et se dépose à la longue.

7. Propriétés. — La bilirubine acide et ses sels alcalins ont la même couleur.

1° Si nous traitons une solution de bilirubinate par un

acide ou par un alcali, c'est-à-dire si nous passons de la bilirubine au bilirubinate ou inversement, nous n'observerons pas de changement de couleur ; il pourra se produire un précipité par l'acide, une redissolution par l'alcali, mais, dans aucun cas, nous n'aurons de variation de couleur ; pas de virage. Cette observation est essentielle pour la suite.

2° Une autre observation importante et qui résulte de ce que l'acide bilirubinique déplace l'acide carbonique des carbonates, c'est que, si l'on fait passer un courant d'acide carbonique dans une solution de bilirubinate, rien ne sera changé ; la couleur restera la même.

3° Une troisième observation est relative à la stabilité de la bilirubine et des bilirubinates.

La solution de bilirubine dans le chloroforme se conserve très longtemps sans changement à l'obscurité. A la lumière, elle finit par se décolorer ; cette altération coïncide, d'ailleurs, le plus souvent, avec une altération du chloroforme lui-même.

Les bilirubinates alcalins en solution sont stables à la température ordinaire, en l'absence d'oxygène. Dans un tube où l'on a fait le vide, ils se conservent sans changement de couleur, que le tube soit à la lumière ou à l'obscurité. — Sous l'action de l'oxygène de l'air, ils se changent en biliverdinates, *très lentement* à l'obscurité : le verdissement commence à la surface et se propage à la profondeur à mesure que l'oxygène s'y dissout. A la lumière, l'action est *très rapide*.

4° Si l'on soumet au vide une solution de bilirubinate alcalin, elle ne s'altère point ; il n'y a pas de changement de couleur.

5° La chaleur fait éprouver aux bilirubinates des modi-

fications plus ou moins profondes qui seront étudiées avec
quelque détail plus loin. Nous verrons que la chaleur favorise à un haut degré la fixation de l'oxygène sur le bilirubinate et sa transformation en biliverdinate. C'est un
agent énergique de verdissement dont l'effet se fait sentir
même en présence de quantités très faibles d'oxygène,
telles que celles qui peuvent être dissoutes dans la solution de bilirubinate.

Mais, en outre de cette action, la chaleur en exerce une
autre, laquelle se manifeste seule lorsqu'il n'y a pas d'oxygène, que l'on opère dans le vide. Elle détermine un dépôt, un précipité ; elle rend les *bilirubinates alcalins moins
solubles*. Il faut ajouter une nouvelle quantité d'alcali pour
compenser cet amoindrissement de solubilité.

Les cinq caractères tirés de : la solubilité ; la conservation de la couleur sous l'action des acides et des alcalis ;
sa conservation sous le courant d'anhydride carbonique ;
la stabilité générale ; l'indifférence au vide, sont ceux qui
vont nous servir pour juger la question des transformations de la bilirubine.

**8. Bilirubinate d'ammonium. Préparation. Proprié-
tés.** — On l'obtient en dissolvant la bilirubine dans l'ammoniaque.

On mélange : Bilirubine 0 gr. 01 ; Ammoniaque 10 centimètres
cubes de la solution 1/100.

On peut faire avec cette solution les mêmes épreuves qu'on fera
plus loin avec le bilirubinate de sodium. On aura les mêmes résultats
quant à l'action de l'air, de la lumière, de la chaleur.

9. Détermination de la quantité de bilirubine. —
Nous avons déterminé la quantité de la bilirubine par
le procédé de A. Jolles.

La solution alcoolique d'iode constitue un agent d'oxydation, gradué et faible, qui transforme complètement la bilirubine en biliverdine sans dépasser ce terme. La réaction a lieu d'après la formule $C^{32}H^{36}Az^4O^6 + 4I + 2HO = C^{32}H^{36}Az^4O^8 + 4HI$, d'après laquelle 508 d'iode répondent à 572 de bilirubine, ou en d'autres termes 1 centimètre cube de la solution alcoolique d'iode centi-normale (1 gr. 27 pour 1000 d'alcool) correspond à 0 gr. 00144 de bilirubine.

La fin de la réaction est marquée par la coloration verte pure de liqueur ; par les caractères spectroscopiques de la biliverdine ; par l'invariabilité de la teneur en iode.

En titrant l'iode employé (différence entre la quantité ajoutée et celle qui reste en excès) on sait, du même coup, combien il y a de bilirubine.

On emploie, pour l'opération, la bilirubine en solution chloroformique (1 centigramme pour 30 centigrammes de chloroforme), on ajoute la solution centi-normale d'iode par gouttes et on agite. La liqueur devient verte. On sait la quantité d'iode employé ; il faut savoir ce qu'il en reste dans la liqueur. Pour cela, on emploie, comme dans le procédé d'iodimétrie, la solution centi-normale d'hyposulfite de soude cristallisé (2 gr. 40 pour 1 litre d'eau), dont chaque centimètre correspond à 1 milligr. 27 d'iode.

Afin de faire agir cette solution aqueuse sur la solution chloroformo-alcoolique, il faut ajouter à celle-ci de l'iodure de potassium (10 cc. de la solution à 1/10) et de l'eau (100 cc.). On additionne l'hyposulfite de 3 à 4 centigrammes de liqueur d'amidon à 1/100 et l'on verse la liqueur alcoolique iodurée d'iode, dans une quantité donnée d'hyposulfite, jusqu'à coloration bleue de l'amidon iodé. La quantité d'hyposulfite employée fait connaître la quantité d'iode qui existait dans la liqueur.

C'est là le procédé applicable pour la solution chloroformique de bilirubine et pour les bilirubinates. Mais quand on opère sur une liqueur complexe comme la bile, il faut prendre quelques précautions.

§ 2. — Pigment définitif ou biliverdinique.

La biliverdine, pigment définitif, provient par oxydation de la bilirubine, dont elle diffère par deux atomes d'oxygène en plus $C^{32}H^{36}Az^4O^8 = C^{32}H^{36}Az^4O^6 + O^2$.

Cette transformation se produit spontanément à l'air ; les solutions alcalines (bilirubinates) y verdissent lentement ; le verdissement est rapide en présence des agents oxydants et de la lumière.

10. Biliverdine. Solubilité. — La biliverdine est insoluble dans l'eau et l'éther, comme la bilirubine. Mais à l'inverse de celle-ci elle est insoluble dans le chloroforme pur.

Elle est très soluble dans l'alcool qui est son dissolvant de choix (bleu verdâtre avec fluorescence rouge), et très soluble dans l'acide acétique glacial et dans la solution chloroformique d'acide acétique glacial : par quoi elle se distingue encore de la bilirubine. Ces remarques fournissent le moyen de séparer ces deux substances.

La biliverdine a la fonction acide ; elle forme des biliverdinates et elle décompose les carbonates alcalins.

Il faut être prévenu qu'on dit souvent : *biliverdine* pour *biliverdinate* ; les circonstances montrent assez s'il s'agit de l'acide ou du sel. Le nom de *pigment définitif* s'applique aussi indifféremment à l'un et à l'autre.

Il est indispensable de faire observer, pour comprendre la suite, que les solutions de biliverdine dans l'alcool ou l'acide acétique, et les solutions de biliverdinate dans l'eau et dans les liqueurs alcalines, présentent la même couleur, variant du vert émeraude au vert foncé suivant la concentration.

Comme la bilirubine, la biliverdine (poudre) introduite dans une solution de carbonate de soude, s'y dissout d'abord, prend ensuite la place de l'acide carbonique et le biliverdinate se dissout lui-même dans la liqueur alcaline.

11. Biliverdinates. — Ils sont plus solubles dans l'eau que les bilirubinates. A tous les autres égards leur histoire est parallèle à celle des bilirubinates. Nous avons dit que la biliverdine et les biliverdinates présentent la même couleur ; par conséquent, il n'y a pas de virage si l'on passe de la biliverdine au biliverdinate ou inversement. Si l'on traite une solution de biliverdinate alternativement par un acide ou un alcali, par l'acide acétique et la soude, il n'y aura pas de changement de couleur.

Le courant d'acide carbonique ne change pas la couleur du biliverdinate.

Les solutions de biliverdinates (et aussi de biliverdine) sont très stables dans les conditions ordinaires, en excluant, bien entendu, l'action des microbes.

Le vide aussi est sans influence sur les solutions de biliverdinates.

Les cinq caractères tirés : de la solubilité, de la stabilité et de la conservation de la couleur sous l'action de l'acide acétique, de la soude, de l'acide carbonique et du vide caractérisent le pigment vert, la biliverdine et les biliverdinates.

12. Altérations des biliverdinates sous l'action des microbes. Putréfaction spontanée de la bile verte. — Les solutions de biliverdinates peuvent s'altérer sous l'action des microbes ; nous ne parlons pas évidemment des solutions pures dans lesquelles des organismes vivraient difficilement, mais des solutions auxquelles se trouvent mêlées des substances organiques convenables et spécialement de la bile.

La bile verte — rendue verte par les biliverdinates — s'altère spontanément à l'air. Au bout de peu de temps (deux jours à quatre jours dans les circonstances ordinaires) les tubes qui la renferment commencent à jaunir par le fond, les couches supérieures restant vertes. Le jaunissement remonte successivement et il ne reste bientôt plus de couleur verte que dans la couche supérieure, tout à fait au contact de l'air. Hugounenq et Doyon ont bien étudié ce phénomène et déterminé les microbes qui le produisent (1). Le plus remarquable est un cocco-bacille très mobile, liquéfiant la gélatine et ne fixant pas le Gram. Mais il existe un grand nombre d'autres bacilles réducteurs, staphylococcus aureus, vibrion septique, bacille coli, etc. La matière colorante qui se produit est jaune verdâtre sous faible épaisseur ; elle est rouge en grandes quantités. Elle a des bilirubinates le caractère de la couleur, du spectre continu sans bandes déterminées avec absorption aux deux extrémités. Elle s'en distingue en ce qu'elle ne donne la réaction de Gmelin ni la réaction d'Ehrlich. Elle diffère donc assez notablement des pigments fondamentaux : elle en diffère plus que leurs dérivés immédiats, bilicyanine, cholételine, etc. C'est une espèce de corps *urobilinoïde*.

Haycraft et Scofield (2), quelques années auparavant,

(1) Hugounenq et Doyon, Recherches sur les pigments biliaires. *Archives de Physiologie*, 1896, p. 525.

(2) J.-B. Haycraft et H. Scofield, Zur Farbenlehre der Galle. *Centralblatt für Physiol.*, 1889, p. 222.

avaient observé ce même phénomène du jaunissement de
la bile verte par le fond du tube. Leurs observations sont
moins précises que les précédentes. Elles en diffèrent par
un point essentiel. Le pigment jaune qui se forme dans
cette putréfaction spontanée de la bile serait tout simplement le pigment bilirubinique. Il donnerait la réaction de
Gmelin : il reproduirait la biliverdine. Il s'agirait d'une
simple réduction de la biliverdine par oxydation.

1° Cette contradiction entre des expérimentateurs également connus pour leur habileté nous a intéressés. Nous
avons reconnu facilement qu'ils avaient raison les uns et
les autres. Leur divergence s'explique par le moment,
plus ou moins éloigné, où ils ont fait leur observation.
Au début, pendant les premiers jours, on trouve comme
Haycraft et Scofield un pigment jaune qui est réellement
constitué par la bilirubine (bilirubinate) avec tous ses caractères, y compris la réaction de Gmelin et la possibilité
de repasser au vert sous l'influence des agents qui oxy-
dent la bilirubine, chaleur, lumière en présence de l'oxygène, etc.

Au contraire, si l'on attend plus longtemps, et qu'on
examine la bile de veau abandonnée à l'altération spontanée, après 6, 8, 15 jours, il se fait un précipité, la liqueur est jaune sale et alors elle ne donne plus la réaction de Gmelin, comme l'ont vu Hugounenq et Doyon.

2° Il faut plus ou moins longtemps pour passer de la
première phase à la seconde. Nous avons pu condenser
le phénomène dans un court espace de temps, par l'artifice suivant :

Nous prenons de la bile verte de veau et nous la laissons
s'altérer pendant un temps variable, à la température du
laboratoire et de l'étuve. Nous avons ainsi des biles pu-

tréfiées de 2 jours, 4 jours, 8 jours, 12 jours, etc. Ces échantillons vont nous servir pour l'ensemencement ; nous les désignerons par les numéros 2, 4, 8, 12, etc.

D'autre part, nous recueillons de la bile fraîche de veau — bile qui ne contient que de la biliverdine — et nous sommes assurés d'obtenir ce résultat, en la chauffant pendant une demi-heure à 100° en présence de l'air. — On en prépare plusieurs tubes A, B, C, D, etc... Quelques-uns de ces tubes sont fermés pendant le chauffage même ; ils se conserveront indéfiniment à l'obscurité ou à la lumière, avec leur couleur verte. — Les autres seront ensemencés avec les précédents, en mettant 1/2 centimètre cube du contenu putréfié dans 5 centimètres cubes de bile verte.

On observe que les tubes A, B, C, ensemencés avec la bile des premiers jours (2), (3), (4), s'altèrent lentement à leur tour. — Au contraire, en ensemençant avec la bile altérée d'une période plus avancée, par exemple du 12° jour, on obtient des phénomènes très rapides. Au bout d'une heure de contact, à 40°, la bile verte commence à jaunir : après 3 heures le jaunissement est complet : la réaction de Gmelin, celle de l'iode alcoolique, l'action du chauffage montrent que l'on a affaire à un bilirubinate.

Après 18 heures de contact cette première phase est dépassée. La liqueur est devenue trouble : elle ne donne plus la réaction de Gmelin, ni les autres réactions du pigment bilirubinique. On a affaire au pigment *urobilinoïde*.

3° La rapidité avec laquelle s'est produite la première phase, la transformation de la biliverdine en bilirubine, nous a amenés à nous demander si cette action était due au développement des microbes eux-mêmes, ce qui serait difficile à concevoir, ou simplement à l'action de quelque produit soluble qui existerait dans la bile d'ensemencement. — Déjà, on constate au moyen du papier à l'acétate de plomb que cette bile d'ensemencement contient de l'acide sulfhydrique ou du sulfhydrate d'ammoniaque provenant de la taurine de l'acide taurocholique. Et, d'autre part, nous avons montré que ces agents réducteurs ramenaient très rapidement la biliverdine à l'état de bilirubine.

Nous avons donc introduit dans un ballon Pasteur (muni du filtre poreux et garni de deux tubulures) de la bile verte biliverdinique. Puis, nous avons fait pénétrer, de la même manière, c'est-à-dire par la filtration à la trompe, la bile putréfiée, dont les microbes sont dès lors arrêtés. La transformation de la biliverdine en bilirubine a eu encore lieu.

Ainsi, c'est un produit soluble qui a exercé le premier effet de réduction. Ce n'est pas une réduction vitale. — Il était intéressant de décider, en détruisant au moyen d'un sel de plomb l'acide sulfhydrique de la bile putréfiée avant de l'ajouter, si c'est véritablement l'acide sulfhydrique qui a agi ici. L'expérience paraît confirmer cette vue. Mais l'action n'a pas été, dans ce cas, poussée très loin ; on n'est pas arrivé jusqu'à la formation du produit urobilinoïde (1).

§ 3. — Pigments intermédiaires ou biliprasiniques.

13. Circonstances générales de leur formation. — La bilirubine se change en biliverdine, par simple absorption d'oxygène.

----

(1) A. DASTRE et N. FLORESCO, Observations sur la putréfaction de la bile. *C. R. de la Société de Biologie*, mars 1898.

Mais, ce changement ne peut être obtenu que par des artifices chimiques, l'emploi du bioxyde de sodium, de la solution alcoolique d'iode, du bioxyde d'hydrogène, de l'eau chlorée, bromée, iodée.

La transformation inverse de biliverdine en bilirubine peut être obtenue de même, par les moyens chimiques de réduction (amalgame de sodium) ; nous l'avons réalisée par le courant d'hydrogène sulfuré.

Ces transformations ne se produisent pas spontanément à l'air, pour la bilirubine vraie ; elle n'absorbe pas l'oxygène de l'air pour passer à l'état de biliverdine.

Ce sont les bilirubinates qui deviennent biliverdinates.

La transformation du bilirubinate (pigment jaune) en biliverdinate (pigment vert foncé) dépend de quatre facteurs : l'*oxygène* ; — la *chaleur* ; — la *réaction du milieu* ; — la *lumière*. — L'oxygène est le facteur indispensable. C'est ce qui résulte des travaux de Staedeler, Heintz, Maly, Hoppe-Seyler, etc. S'il fait absolument défaut (vide absolu) il ne peut y avoir de changement du bilirubinate. Les trois autres facteurs sont simplement *adjuvants* de l'action de l'oxygène. Nos recherches font précisément connaître l'importance relative et la signification de ces trois agents dans l'oxydation de la bilirubine.

Mais nos études ont eu un résultat plus général et que nous indiquerons immédiatement. Elles nous ont révélé une étape nouvelle sur la route qui conduit du pigment bilirubinique au pigment biliverdinique ou qui redescend de ce dernier au premier. Quels que soient les agents adjuvants dont on emprunte le secours, chaleur, lumière, etc. si l'on en gradue et ménage convenablement l'action, on tombera toujours sur ces composés intermédiaires, on saisira leur existence transitoire ; on traversera la *phase biliprasinique*.

Nous verrons, par exemple, que l'action de la chaleur transforme le pigment bilirubinique en un autre pigment jaune, *biliprasinate de soude*, voisin de lui par sa couleur, seulement un peu plus brun que rouge ; de telle sorte que rien d'apparent ne signale ce changement. Mais on s'assure qu'il a eu lieu, et que le pigment jaune n'est plus le pigment bilirubinique. En effet, l'action de l'acide acétique le fait passer au vert ; de même le courant d'acide carbonique le fait passer au vert ; à l'abri de l'air (vide) sous l'influence de la lumière, il n'est pas stable ; tous caractères qui n'appartiennent pas au pigment bilirubinique.

Et, de même, nous avons vu, au cours des mêmes recherches, qu'il existait un autre *pigment vert*. Celui-ci n'est pas le pigment biliverdinique, parce que l'action de l'alcali le change dans le pigment jaune précédent, parce que l'action du vide le change en un autre pigment jaune (bilirubinique) inattaquable par l'acide acétique ; tous caractères qui n'appartiennent pas à la biliverdine.

Ce sont ces deux pigments que nous avons appelés *pigments biliprasiniques*.

14. Caractères qui les définissent. — Ils sont définis par les caractères précédents dont le plus commode est l'emploi alternatif de l'acide et de l'alcali, c'est-à-dire ce que nous appelons la *réaction alcalino-acide* ou *acido-alcaline*. Cette réaction qui les fait virer du vert au jaune ou du jaune au vert, ne produit rien avec les pigments bilirubinique et biliverdinique (**7,11**).

Cette même réaction nous montre la relation des deux

pigments. Elle nous fait voir que l'un, le *pigment jaune*, est une solution alcaline (sel alcalin) de l'autre, le *pigment vert*. Le pigment vert est l'*acide biliprasinique*, ou *biliprasine* ; le pigment jaune est le *biliprasinate*.

Le *biliprasinate, pigment jaune*, est décomposé par l'acide carbonique, et passe au vert contrairement aux bilirubinates ; il n'est pas stable dans le vide à la lumière, contrairement à eux ; traité par l'acide acétique, il fournit un acide vert, contrairement à eux, encore.

L'*acide biliprasinique* ou biliprasine, *pigment vert*, ressemble à la biliverdine par sa solubilité dans l'acide acétique glacial et dans l'alcool. Il est soluble dans l'eau et la bile chargées d'acide carbonique en excès. Mais ce pigment diffère du pigment biliverdinique parce que : 1° il est ramené au jaune par les alcalis, 2° parce que sous l'action du vide il est dissocié et réduit à l'état de bilirubinate.

Tout ce qui va suivre va être le développement et la démonstration de ces caractères, de ces analogies et de ces différences. Nous insistons sur ce trait particulier, à savoir qu'il existe deux pigments biliprasiniques, tandis qu'il n'existe qu'un pigment bilirubinique et qu'un pigment biliverdinique. Cela tient à ce que la bilirubine acide et les bilirubinates alcalins ont la même couleur rouge jaune ; la biliverdine acide et les biliverdinates alcalins, la même couleur verte ; tandis que, par exception à cette règle, le sel et l'acide biliprasiniques ont des couleurs différentes, jaune pour le sel, verte pour l'acide.

Nous voyons ainsi que par leur couleur les pigments biliprasiniques sont intermédiaires aux deux pigments fondamentaux ; ils participent de l'un et de l'autre. Ils leur sont encore intermédiaires, en ce qu'ils en viennent et y aboutissent.

Nous allons mettre en évidence, après leur existence, leurs relations avec les pigments fondamentaux.

15. Dénomination des pigments biliprasiniques. — Mais avant d'aborder ce programme, disons un mot de *leur nom*. Au lieu de forger une appellation, nous avons donné à ces pigments *nouveaux* le nom de pigments *biliprasiniques*, c'est-à-dire un nom *ancien* que nous faisons revivre.

Le nom de biliprasine avait été introduit dans la science par Staedeler, puis il en avait été effacé, plus tard, lorsque, à la suite des travaux de R. Maly, on crut s'apercevoir que l'objet auquel il s'appliquait n'avait pas d'existence distincte. La biliprasine de Staedeler n'existerait pas. Ce qu'il a appelé ainsi serait, a-t-on dit, un simple mélange de biliverdine et de bilifuscine (1). C'est une erreur. Staedeler a pris pour biliprasine, un pigment pathologique (calculs) qui en réalité était un mélange de biliverdine et de notre véritable biliprasine. Le pigment bilifuscinique, dont nous n'avons pas à parler ici, n'a pas les caractères attribués par Staedeler à son pigment : il ne donne pas la réaction de Gmelin ; il ne vire pas par l'action alternative des acides et des alcalis. Dans la réalité, ce que Staedeler a eu entre les mains, c'est un mélange de biliverdine et de notre véritable biliprasine. Cette confusion suffit pour enlever de leur valeur à ses analyses et à la formule qu'il en avait déduite $C^{32}H^{44}Az^4O^{12}$; mais cela ne suffit pas à condamner le nom. Nous l'appliquons aujourd'hui à un produit très distinct de la biliverdine par les caractères indiqués plus haut, qui existe, ainsi que nous le verrons,

(1) A. Gamgee, Asher et Beyer, Die physiologische Chemie der Verdaung, p. 348. — O. Hammarsten, *Lehrbuch der phys. Chemie*, 1891, p. 129.

dans les biles normales et qui constituait au moins une partie du produit de Staedeler.

16. Leur origine. Leurs rapports avec les pigments fondamentaux. — Nous avons dit tout à l'heure que les pigments biliprasiniques, correspondent à un stade intermédiaire entre la bilirubine et la biliverdine, *quand on passe de la première à la seconde au moyen des agents d'oxydation* en opérant en solutions étendues.

Cela semblerait donc différencier notre biliprasine du produit analysé par Staedeler. La *biliprasine de Staedeler* correspond, en effet, *au même degré d'oxydation que la biliverdine*. C'est un hydrate de biliverdine. Elle ne diffère de celle-ci que par 4 molécules d'eau en plus :
$$C^{32}H^{44}Az^4O^{12} = C^{32}H^{36}Az^4O^6 + 4H^2O.$$

Nous verrons que l'hydratation joue, en effet, un rôle dans sa formation. Elle exige pour se produire les solutions étendues c'est-à-dire un excès d'eau ; mais d'autre part, l'intervention des agents oxydants n'est pas contestable. Et l'expression réelle du phénomène est celle-ci : *Les pigments biliprasiniques prennent naissance quand on emploie, pour passer de la bilirubine à la biliverdine, les procédés d'oxydation en présence d'un excès d'eau.*

Cet énoncé, qui est l'expression fidèle des faits, rend peu vraisemblable, mais n'exclut pas absolument la possibilité que la biliprasine soit un simple hydrate de la biliverdine. L'analyse chimique du pigment pur serait seule capable de donner une certitude à cet égard. Quoi qu'il en soit, et alors même qu'il ne serait qu'un hydrate particulier de la biliverdine, rien, en fait, ne devrait être changé à ce que nous disons.

§ 4. — Transformation des trois sortes de pigments, les uns dans les autres.

La transformation du pigment bilirubinique aux autres, biliprasiniques et biliverdiniques, dépend de quatre facteurs : l'*oxygène* ; — la *réaction du milieu* ; — la *chaleur* ; — la *lumière*.

17. Oxygène. — L'oxygène est, avons-nous dit, le facteur indispensable. Dans le vide absolu, la transformation est impossible, comme l'ont montré Maly, Hoppe-Seyler, etc. Suivant que l'oxygène est plus ou moins abondant, toutes choses égales d'ailleurs, la transformation est plus ou moins facile et complète.

Il faut être prévenu que la transformation peut s'accomplir encore en flacon fermé, sans air libre formant atmosphère au-dessus de la liqueur. Cela tient à ce que l'oxygène dissous est, le plus souvent, suffisant à oxyder la bilirubine.

Par exemple, les liqueurs dont nous avons fait usage contiennent de la bilirubine dans la proportion de 6 0/00. Les biles naturelles en contiennent dans des proportions analogues, de 2 à 5 ou même 20 0/00, en passant du bœuf au porc et à l'homme. On peut en partant de ces chiffres calculer le volume d'oxygène nécessaire à l'oxydation et s'assurer qu'il y en a suffisamment dans la bile ou dans nos solutions en supposant qu'elles dissolvent l'oxygène atmosphérique comme le fait l'eau pure. La formule de Maly nous montre que 572 milligrammes de bilirubine exigent 32 milligrammes d'oxygène ou 22 cc. 08 à 0° et à la pression normale. Un milligramme de bilirubinate, d'après cela, aura besoin de 0 cc. 038. La solution de bilirubine à 66 milligrammes pour 100 cc. exigera donc 2 cc. 28. Or, l'oxygène atmosphérique dissous dans la même quantité d'eau

(100 cc.) sera de 4 cc. 2, c'est-à-dire près de deux fois suffisante.

Il est bien entendu, comme cela résulte d'ailleurs de ce qui précède, que la transformation du *pigment jaune* de la bile vésiculaire (biliprasinate), en *pigment vert* habituel de cette même bile (biliprasine), n'exige pas la présence de l'oxygène, mais seulement l'intervention d'un acide.

18. Réaction du milieu. — Toutes choses égales d'ailleurs, l'alcalinité retarde les transformations du pig. ment bilirubinique. Elle contribue à sa stabilité. Les épreuves comparatives faites avec les solutions de bilirubinate neutralisées par l'acide acétique et les solutions de plus en plus alcalines, montrent que le pigment jaune devient moins facilement vert ou moins rapidement dans ce dernier cas. Le fait s'explique. La réaction du milieu intervient de deux façons. En premier lieu, l'alcalinité nuit à la formation des pigments intermédiaires ou pigments biliprasiniques, puisqu'on sait qu'elle est, en général, une condition défavorable à l'hydratation qui intervient avec l'oxydation dans cette formation. En second lieu, le biliprasinate étant supposé formé, l'alcalinité s'oppose à sa transformation en biliprasine (pigment vert intermédiaire). Le bilirubinate ne peut que passer directement au biliverdinate (pigment vert définitif, plus foncé) ; au contraire, la neutralisation favorise la formation et la transformation du pigment intermédiaire.

Notons encore que dans les circonstances où il se produit une diminution de la solubilité des bilirubinates (action de la chaleur, du vide, etc.) on voit se former un *dépôt* en solution neutre, tandis qu'il n'y a rien de tel en solution alcaline. La puissance dissolvante de l'alcali empêche le dépôt.

19. Influence de la lumière. — La lumière exerce une influence très active sur le verdissement de la bile jaune. Le fait a dû être aperçu, sans être compris, très anciennement. Capranica l'a signalé en 1882, mais inexactement. A. Létienne l'a mieux indiqué en 1891. Nous avons réussi à l'élucider plus complètement. Voici l'expression que nous en donnons :

La lumière favorise à un degré remarquable la transformation du bilirubinate en biliprasinate et presque autant celle du biliprasinate en biliverdinate, ou de la biliprasine en biliverdine, c'est-à-dire, en définitive, qu'elle favorise l'oxydation des pigments biliaires.

La lumière et l'oxygène amènent donc, assez rapidement, le bilirubinate, pigment fondamental jaune, à l'état de pigment vert définitif.

On peut donner à l'expérience un caractère comparatif saisissant en montrant deux échantillons de la même solution : l'un conservé à l'obscurité, resté jaune, l'autre ayant subi quelques heures d'exposition au soleil devenu vert.

Expérience. — On prépare une solution de bilirubine 0 gr.01 pour 20 cent. cubes de carbonate de soude à 1 0/0. On neutralise avec l'acide acétique. On prépare plusieurs tubes à essai soit avec la solution neutralisée soit avec la solution alcalisée primitive.

On laisse la moitié des tubes à l'obscurité, dans la chambre noire : les autres sont exposés au soleil.

On constate après quelques heures que les *tubes exposés au soleil sont devenus verts ; les tubes restés à l'obscurité ont conservé leur couleur jaune.* L'effet est moins marqué dans les tubes à réaction alcaline.

Il s'agit ici d'une transformation extrême du pigment bilirubinique en pigment définitif biliverdinique. Mais

3

on peut saisir la phase intermédiaire biliprasinique.

On peut voir en effet qu'après quelques moments d'exposition à la lumière, le bilirubinate a été changé en biliprasinate. Aucun virage, aucune modification bien nette de couleur, à la vérité, n'a marqué cette transformation des solutions insolées. Elles ont néanmoins subi un changement qui se manifeste de la manière suivante : en ajoutant quelques gouttes d'acide acétique glacial là liqueur devient rapidement vert émeraude (biliprasine) ; avec l'alcali (soude 30 pour 100) elle retourne à sa couleur primitive rouge brun (biliprasinate). On peut répéter ces alternatives plusieurs fois, en employant avec précaution les doses d'acide et d'alcali.

La lumière a donc déterminé d'abord la transformation du bilirubinate en biliprasinate. — C'est dans une seconde phase qu'a lieu la transformation du biliverdinate et, par conséquent, le virage de couleur.

On constate de même que, sous l'action de la lumière, la solution alcoolique acide de biliprasine (vert clair) se change en biliverdine (vert foncé), l'oxygène bien entendu étant supposé présent.

Action de diverses lumières. — *Spectre.* — Prenons une solution de bilirubinate préparée à la température ordinaire et à l'obscurité : deux conditions qui n'ont aucune influence altérante. On a vu plus haut l'influence transformatrice de la lumière.

On peut se demander, si la lumière blanche ou les diverses lumières colorées, ont un effet particulier.

Nous avons projeté un spectre électrique, ayant une étendue de 35 centimètres au minimum de déviation et nous avons placé des tubes de bilirubinates dans diverses régions spectrales.

Tous se comportent à peu près de même : il semble qu'il y ait deux plages, où l'action de la lumière serait un peu plus accusée : l'une du côté du rouge et l'autre du côté du violet. Enfin il paraît y avoir une autre bande dans le vert où l'action serait aussi un peu plus marquée.

Ceci est en accord avec l'apparence spectroscopique du bilirubinate, qui absorbe surtout les radiations aux deux extrémités du spectre avec une très légère bande d'absorption dans le jaune vert entre D et E.

20. Influence de la chaleur. — La chaleur est l'agent le plus efficace de la transformation des pigments biliaires, ou, pour préciser, du pigment fondamental dans les deux autres.

Il faut distinguer le cas où l'action de la température est peu prolongée, et le cas où cette action est longtemps prolongée.

1° Les températures de 40° à 100° favorisent extrêmement le passage du bilirubinate au biliprasinate (1re phase) : elles favorisent, mais moins bien, celui du biliprasinate au biliverdinate (2e phase, verdissement).

Si on soumet à la température de 50 degrés une solution de bilirubinate sodique neutralisée, on voit, au bout de 30 minutes, que la couleur est devenue rouge brun ; on constate qu'il s'est formé un biliprasinate.

Une solution de bilirubinate faiblement alcaline, étant chauffée à 75° pendant 20 minutes, la couleur reste la même en se fonçant un peu : le stade biliprasinique persiste quelque temps. Ainsi, l'action de la température en liqueur légèrement alcaline est éminemment favorable à la démonstration du stade biliprasinique.

Pour la transformation poussée à son terme (verdissement) il faut prolonger un peu plus longtemps l'action ou élever un peu plus la température. Des tubes très faiblement alcalins ou neutralisés, chauffés pendant 10 minutes à 100°, à l'obscurité, sortent du thermostat tout à fait verts. De même des tubes chauffés à 75° pendant plus d'une heure. Les tubes témoins se conservent sans changement. La comparaison du tube chauffé, devenu vert avec le tube non chauffé resté jaune, donne une démonstration saisissante de l'influence de la température.

2° Si l'action de la chaleur est quelque peu prolongée, et surtout si l'on opère sur une solution de bilirubinate très faiblement alcaline ou neutre, il se produit un phénomène remarquable, un *dépôt*. Il y a un précipité floconneux jaunâtre qui tombe au fond du tube et qui prend bientôt un caractère d'extrême division.

Le bilirubinate a donc subi une altération qui se traduit par une diminution de solubilité. On comprend que ce dépôt sera d'autant plus marqué si l'on opère sur une liqueur qui, déjà, dissout difficilement le pigment, c'est-à-dire sur une solution neutre. On peut arriver à l'insolubilité absolue : la liqueur se décolore complètement. Elle se recolore pour un temps si l'on agite le tube, parce que le précipité de bilirubinate très divisé reste longtemps et facilement en suspension.

Ajoutons que la chaleur prolongée amène aussi le dépôt des biliprasinates et leur décomposition en bilirubinates insolubles.

21. Moyens de passer des pigments bilirubiniques aux biliprasiniques et inversement. — En outre des 4 facteurs qui réalisent la formation du stade biliprasinique en partant du stade bilirubinique, on peut utiliser pour le même résultat les agents chimiques oxydants : l'iode alcoolique, l'eau chlorée, l'eau bromée. Si l'on verse avec précaution une petite quantité de ces solutions dans le bilirubinate, le liquide prend une teinte vert clair (biliprasine). Cette biliprasine traitée par l'alcali, passe à la couleur rouge brun (biliprasinate, sel alcalin) ; par l'acide acétique elle retourne au vert.

Un autre procédé consistera à utiliser la chaleur aidée du courant d'anhydride carbonique. Par le courant de CO_2 le bilirubinate neutre qui a subi l'influence modérée de la chaleur (50°) devient vert clair : c'est la biliprasine ; l'alcali la ramène au rouge brun (biliprasinate).

Arrivé au stade biliprasinique on peut retourner au stade bilirubinique. On a trois moyens :

1° Le vide ; la biliprasine devient jaune (bilirubine) ;

2° Le courant d'hydrogène sulfuré ; la biliprasine est transformée en bilirubine :

3° Le sulfure d'ammonium ; même action.

Les mêmes agents ou des agents analogues permettent d'aller plus loin, et par conséquent de passer en série ascendante des pigments bilirubiniques aux pigments biliverdiniques.

a) Action des agents oxydants. Moyens d'obtenir les pigments biliaires en série ascendante.

On peut observer successivement les 3 stades des pigments biliaires : *pigment originel*, jaune, bilirubinique ; *pigments intermédiaires*, jaune brun, biliprasinate, vert clair, biliprasine ; et enfin *pigment definitif*, vert foncé, biliverdinique. Il suffit de faire agir, d'une manière ménagée, la laccase, l'eau oxygénée, l'iode alcoolique.

22. Action de la laccase. — Nous avons étudié l'action de l'oxydase la mieux connue sur la bilirubine. La laccase que nous avons employée a été préparée par G.Bertrand, qui, le premier, a isolé ce ferment. La solution contenait : Laccase, 0 gr. 02 ou 0 gr. 04, pour 10 centimètres cubes d'eau distillée.

Cette solution a été mélangée à parties égales avec une solution de bilirubinate sodique.

Expérience. — On prépare deux tubes, l'un absolument plein, sans atmosphère d'air, l'autre contenant de l'air.

Les deux tubes sont laissés à la lumière diffuse, à la température ordinaire. Deux tubes témoins contiennent la même solution, à cela près que la laccase a été préalablement bouillie, avant d'être mélangée au bilirubinate.

Après 6 heures et 24 heures, on examine l'état de choses : la solution des tubes témoins n'a pas encore verdi, elle reste jaune. Le tube à la laccase et sans atmosphère d'air a changé très peu.

Le tube qui contient de la laccase et de l'air présente une belle couleur vert clair (c'est de la biliprasine) donnant la réaction acido-alcaline. Après 24 heures, la couleur est vert foncé : la liqueur ne donne plus la réaction acido-alcaline.On a le pigment biliverdinique.

Dans une autre expérience le tube contenant la laccase sans atmosphère libre, a subi un verdissement grâce à l'oxygène dissous.

En résumé *la laccase favorise l'oxydation de la bilirubine et fait passer ce pigment par l'état de biliprasine et enfin de biliverdine. La laccase rend un peu plus facile la fixation de l'oxygène dissous.*

23. Action de l'eau oxygénée. — L'eau oxygénée que nous avons employée est à l'état neutre ; elle ne contient que deux ou trois volumes d'oxygène.

Avec la solution artificielle de bilirubinate, on observe un verdissement rapide suivi de décoloration ; ceci à l'abri de la lumière.

A la lumière, l'action est plus complète et plus brusque ; il y a dégagement d'oxygène et décoloration accélérée.

L'oxydation, dans ce dernier cas, doit s'accompagner de quelque autre phénomène tel qu'une hydratation, de telle sorte que le stade biliverdinate est mal représenté dans la série de ces transformations. On n'aperçoit pas de verdissement. La décoloration sans verdissement préalable est de règle avec les solutions plus concentrées d'eau oxygénée.

24. Action de l'iode alcoolique. — La solution alcoolique d'iode, constitue un agent d'oxydation graduée, qui permet d'en suivre les phases. A.Jolles l'a employée pour transformer la bilirubine en biliverdine. La réaction a lieu d'après la formule suivante :

$$\underbrace{C^{32}H^{36}Az^4O^6}_{\text{Bilirubine}} + 4J + 2H^2O = \underbrace{C^{32}H^{36}Az^4O^8}_{\text{Biliverdine}} + 4HJ$$

La liqueur jaune devient d'abord vert clair, puis vert foncé.

Expérience. — Dans un tube à essai, on met 10 cc. de la solution de bilirubinate et on verse goutte à goutte la solution alcoolique centi-normale d'iode (1 gr. 27 d'iode pour 1000 d'alcool). On emploie une petite pipette graduée en centièmes de centimètre.

Une division ou la moitié d'une division d'iode versée sur 10 centimètres cubes de bilirubinate, fait virer la couleur rouge au vert clair ; ce vert clair est la biliprasine ; car en ajoutant quelques gouttes de la solution de soude, la couleur devient jaune brun (biliprasinate) et par l'acide acétique retourne au vert (biliprasine).Le bilirubinate a été oxydé (et probablement hydraté en même temps) ; il a passé à l'état de biliprasinate et celui-ci, en présence de l'alcool acidifié par l'acide iodhydrique, a libéré la biliprasine.

En ajoutant encore de l'iode alcoolique, la solution de vert clair devient vert foncé : c'est de la biliverdine, car en ajoutant de la solution de soude à 30 pour 100, la liqueur reste verte ; la couleur est stable.

Les mêmes faits s'observent en traitant la solution de bilirubinate par l'eau iodée, l'eau bromée, et l'eau chlorée.

25. Réaction de Gmelin. — Dans un verre à pied, qui contient de l'acide nitrique nitreux, on verse avec précaution la solution de bilirubinate. On voit apparaître la série bien connue des couleurs caractérisant chacune un pigment distinct; si l'on fixe son attention sur la couleur verte, on voit que de vert clair au commencement, elle devient vert foncé, puis l'oxydation continuant il y a passage aux autres couleurs.

b) Retour inverse de la biliverdine aux pigments biliprasiniques et bilirubiniques. Série descendante.

Si par l'oxydation, nous avons obtenu, en partant du stade bilirubinique, les stades : biliprasinique et biliverdinique (chaque stade étant déterminé par des caractères spéciaux), nous pouvons par les agents réducteurs faire l'inverse : en partant du pigment définitif ou biliverdine arriver au pigment originel ou bilirubinique en passant par le pigment intermédiaire ou biliprasinique.

Ces agents sont les suivants : l'amalgame de sodium, l'acide chlorhydrique et le zinc, le courant d'hydrogène sulfuré, le courant électrique et le sulfure d'ammonium. Nous dirons seulement un mot de l'hydrogène sulfuré.

26. Action de l'hydrogène sulfuré. — La biliverdine (réaction alcalino-acide négative) soumise à un courant d'hydrogène sulfuré naissant, passe rapidement de la couleur vert foncé au vert clair :

Ce liquide traité par un alcali (soude 30 0/0) devient rouge ; par l'acide acétique glacial il devient vert ; ce sont les caractères de la biliprasine et du biliprasinate.

En continuant l'action du courant d'hydrogène sulfuré, le liquide de vert qu'il était passe au rouge. La couleur est due à la bilirubine. En effet, la liqueur offre une réaction acide ; chauffée elle devient verte ; le vide prolongé ne change pas sa couleur ; la réaction de Gmelin est positive ; l'eau iodée, chlorée, bromée la verdissent.

Tous ces traits caractérisent le pigment bilirubinique.

CHAPITRE II

Pigments biliaires examinés dans la bile naturelle.

27. Coloration de la bile en général. — L'étude détaillée que nous avons faite des pigments isolés peut être appliquée en tout aux diverses biles. Celles-ci subissent des transformations comparables à celles de la bilirubine et de ses sels.

La bile prise dans la vésicule peut être, suivant les animaux et les circonstances, rouge, jaune, brune, verte ou présenter un mélange de ces colorations.

Pour une certaine partie ces colorations sont dues à la présence des deux pigments fondamentaux : le bilirubinique qui donne la teinte jaune rouge et le biliverdinique qui fournit la couleur verte.

Mais indépendamment de ces pigments, il y a dans la bile normale des pigments biliprasiniques ; le pigment jaune brun différent de la bilirubine (biliprasinate sodique) et le pigment vert (biliprasine) différent de la biliverdine.

Ils sont quelquefois tellement prédominants que ce sont leurs caractères, qui s'aperçoivent dans la bile. Les changements de couleur de la bile traduisent alors les changements de ces pigments et non point, comme on le croit, les mutations de la bilirubine et de la biliverdine.

Bile de veau.

La bile de veau (bile de la vésicule) est recueillie dans des vases bien lavés à l'abri de la lumière, aussitôt que l'animal est sacrifié.

28. Propriétés. — *a) Couleur*. La bile de veau se présente sous l'une ou l'autre des deux couleurs : jaune, verte.

La couleur jaune est rare ; elle se rencontre 1 fois sur 30 fois environ ; le plus ordinairement la couleur est verte. Les deux couleurs ne dépendent ni de l'âge, ni du sexe de l'animal.

b) Réaction. Cette bile est toujours plus ou moins alcaline.

L'alcalinité varie très peu : 3 centimètres cubes de bile sont neutralisés par 2 cc. 5 à 3 cc. 2 d'acide acétique à 1 pour 1000.

c) Quantité de pigments. En appliquant le procédé de Jolles à la bile de veau, nous avons déterminé la quantité de bilirubine qui y est contenue (ou plus exactement, nous avons évalué en bilirubine les pigments biliaires ; nous avons trouvé, 0.018 à 0.020 p. 100).

d) Nature des pigments. Si l'on agite la bile avec du chloroforme, une très petite partie passe dans le chloroforme et le colore en jaune : c'est de la bilirubine ; d'autre part la bile mélangée avec de l'alcool prend une couleur verdâtre ; c'est le pigment vert qui est mis en évidence (biliverdine, biliprasine) ; en même temps il se forme un dépôt. On peut s'assurer que ce précipité entraîne une petite quantité de pigments. En effet, le dépôt

séché, et traité par le chloroforme d'abord et l'alcool
ensuite, fournit encore une très petite quantité des co-
lorants précédents. Outre ces pigments en faibles proportions, il y a aussi, comme nous le verrons, une quantité considérable de pigments biliprasiniques.

La bile de veau recueillie sur l'animal aussitôt après
qu'il est sacrifié peut, avons-nous dit, se présenter avec
la couleur jaune ou la couleur verte.

Ce dernier cas est de beaucoup le plus fréquent. Une
fois de temps à autre, on trouve la bile jaune ; les autres
fois, elle est verte.

29. Bile jaune de veau. — En général, la couleur
jaune de la bile de veau n'est pas la couleur jaune paille ;
c'est un jaune mélangé de brun clair.

a) On a eu soin de la recueillir dans un flacon, qu'elle
remplit entièrement et à l'abri de la lumière. On l'éprouve
aussitôt que possible. Pour cela on l'emploie soit à l'état
naturel, soit filtrée, soit mélangée de 4 volumes d'eau. On
prépare une série de tubes à essai, de manière qu'il y en
ait environ 5 centimètres cubes dans chaque. On ajoute
alors 4 à 5 gouttes d'acide acétique glacial dans ces tubes.
Ils passent immédiatement du jaune rougeâtre au vert
émeraude. On traite le tube verdi par quelques gouttes de
soude à 30 pour 100, de manière à neutraliser l'acide acétique, la liqueur repasse au jaune brun. On peut renou-
veler l'épreuve plusieurs fois, faire verdir la liqueur par
l'acide acétique, la ramener au jaune par la soude. La répétition se limite bientôt à cause de la trop grande dilution du liquide, qui ne permet plus d'observer avec netteté.

b) Si l'on a soin de chauffer cette bile jaune pendant 20

à 30 minutes à la température de 40° et à l'obscurité, la série des phénomènes est encore plus évidente.

c) Si, dans ces tubes contenant de la bile jaune, on dirige un courant d'acide carbonique, le liquide devient vert comme précédemment. L'alcali le ramène au jaune.

d) La couleur jaune de la bile naturelle ou de la bile alcalinisée après traitement par l'acide acétique n'est pas stable. Elle pâlit à la lumière, s'il n'y a pas d'air ; ou elle passe au vert (biliverdinate) s'il y a à la fois air et lumière.

Dans ce cas, le vert est différent du précédent, il n'est plus détruit par l'alcali et remplacé par le jaune. C'est le vert fixe de la biliverdine.

e) La liqueur verdie par l'acide acétique, si on la soumet au vide, se décolore en quelques heures. Elle redevient jaune. Ce n'est plus le jaune précédent ; l'acide ne le fait pas virer au vert. C'est le jaune de la bilirubine (bilirubinate).

30. Bile verte de veau. — Nous avons dit que c'est le cas ordinaire ; le plus souvent la bile fraîche de veau est verte (4 fois sur 5 dans une série, 19 fois sur 20 dans une autre).

Soumettons-la à l'action alternative des alcalis et des acides et à l'influence du vide.

a) Dans un tube à essai on traite cette bile verte (soit diluée, soit à concentration naturelle), par quelques gouttes de soude à 30 pour 100 ; elle devient jaune, ce qui n'arriverait pas avec la biliverdine. On peut la faire reverdir avec l'acide acétique. Lorsque la bile est très concentrée, on peut répéter plusieurs fois cette transformation.

b) Au moyen de la pompe à mercure, nous faisons le vide (2 à 4 h.) dans un tube contenant quelques centimètres cubes de bile verte fraîche. On ferme le tube à la lampe. Après quelques heures, la couleur a passé au jaune, ce qui n'arrive pas avec la biliverdine (biliverdinate).

Cette épreuve mérite de nous arrêter quelques moments. Nous disons que le pigment vert soumis au vide se change lentement en pigment jaune et nous en faisons un caractère différentiel d'avec la biliverdine. Bien entendu, il faut exclure toute intervention microbienne, car les microorganismes changent à l'abri de l'air la biliverdine en un pigment jaune (urobilinoïde pour Hugounenq et Doyon, bilirubinique pour d'autres). Mais ici l'action se produit assez rapidement ; elle aboutit à un pigment jaune qui a toutes les propriétés de la bilirubine, y compris la réaction de Gmelin. Néanmoins, pour écarter les objections, nous avons essayé d'éliminer toute action microbienne en chauffant le tube soumis au vide, à 75° à plusieurs reprises et même en le maintenant à 75°. Nous nous sommes assuré avec des tubes témoins, que ces traitements supprimaient en effet, le plus souvent, les altérations microbiennes que nous voulions éviter. Le jaunissement avait encore lieu.

Expérience. — Bile verte de veau (donnant la réaction alcalino-acide) chauffée à 75° pendant 30 minutes, est divisée en 2 tubes :

1ᵉʳ Tube. — Le tube est fermé à cette température de 75° ; il n'y a pas de microbes.

2ᵉ Tube. — Bile verte chauffée à 75° soumise au vide prolongé pendant 14 heures. Après 20 heures la bile est brune ; après 44 heures elle est rouge clair.

Après 72 heures changement de couleur et passage au brun marron. Pas de réaction alcalino-acide ; réaction de Gmelin.

Après 3 jours le 1er tube resté vert est examiné. Il donne la réaction alcalino-acide. Il contient donc de la biliprasine. Son contenu est alors divisé en 2 parties :

a) Une partie est chauffée à 75° pendant 30 minutes, et fermée à cette température. On constate qu'elle ne varie pas : elle est restée verte après 2 jours.

b) Une partie est chauffée à 75° pendant 30 minutes, et soumise au vide pendant 14 heures :

Après 14 heures elle est brun foncé ; après 38 heures elle devient jaune rouge; après 20 jours la bile reste encore jaune rouge clair.

Il n'y a pas de réaction alcalino-acide; réaction de Gmelin.

C'est dire que, par le vide, il y a eu dissociation du pigment vert, sans altération microbienne : il s'est formé du bilirubinate.

Nous concluons donc :

1° *Le pigment jaune de la bile normale de veau n'est pas le bilirubinique ; l'action de l'acide acétique le fait passer au vert, l'acide carbonique le fait passer au vert ; il n'est pas stable à l'abri de l'air sous l'influence de la lumière, tous caractères, qui n'appartiennent pas à la bilirubine et qui démontrent l'existence du pigment rouge-brun ou bili- prasinate.*

2° *Le pigment vert de la bile normale de veau n'est pas le biliverdinique, parce que l'action de l'alcali le change en pigment jaune, parce que l'action du vide le change en un autre pigment jaune (bilirubine) inattaquable par l'acide acétique, caractères qui n'appartiennent pas à la biliver- dine ; c'est de la biliprasine ou pigment vert clair.*

31. Explication des variétés de couleur de la bile, in vitro. — Les pigments biliprasiniques de la bile déri- vent du pigment originel fondamental (bilirubine) par oxydation. Le bilirubinate alcalin jaune-rouge se change en biliprasinate jaune-brun par fixation d'oxygène et d'eau. C'est là le point capital. Ce pigment une fois formé est mêlé dans la bile aux bilirubinates inaltérés. La bile est encore jaune. Elle devient verte dans un second stade, correspondant à la formation de la biliprasine, par suite de l'action sur le biliprasinate de l'acide carbonique. Celui-ci est très abondant dans la bile (au total, 561 de CO^2 pour 1000 de bile). Enfin, l'action de l'oxygène de l'air, aidée de la chaleur ou de la lumière, change le biliprasinate en biliverdinate (pigment vert définitif).

a) Action de divers agents. — Transformations subies par la bile.

On peut maintenant se rendre compte des modifications que peut subir la bile de veau sous l'influence des divers agents dont on connaît déjà l'action sur les pigments biliaires isolés chimiquement. On pourra combiner l'action de deux ou plusieurs de ces agents et on pourra expliquer les divers changements qui se présentent à l'observateur, changements dont la raison d'être lui échappait nécessairement jusqu'ici.

Nous examinerons l'action de la lumière, l'action de la chaleur, les transformations ascendantes et descendantes des trois sortes de pigments dans la bile naturelle. C'est une étude parallèle à celle qui a été faite précédemment avec les pigments isolés chimiquement.

32. Influence de l'air et de la lumière. — On prend la bile jaune de veau.

Expérience. — On prépare 6 tubes, 2 tubes entièrement pleins; 2 pleins seulement à moitié, c'est-à-dire contenant moitié air et moitié bile ; et enfin 2 tubes dans lesquels le vide a été fait. Quatre tubes :

1 plein, l'autre à moitié, et les 2 tubes à vide sont mis à la lumière ; les 2 autres à l'obscurité.

On constate que le tube exposé à la lumière et plein à moitié verdit avant celui qui est plein, lequel contient seulement l'air dissous dans la bile. Les 2 tubes à l'obscurité restent inaltérés ; ils conservent longtemps la même couleur ; après quoi celui des deux qui contient une atmosphère d'air commence à verdir à la surface. Enfin la bile dans les tubes à vide ne verdit pas.

On voit par là le rôle essentiel de l'air (ou mieux de l'oxygène) dans la transformation du pigment jaune en pigment vert. La lumière intervient comme facteur adjuvant.

33. Influence de la réaction de la bile. — En changeant la réaction de la bile, la transformation du pigment jaune en pigment vert est favorisée ou empêchée.

Expérience. — On laisse exposés à l'air, à la température ordinaire, les tubes suivants contenant de la bile naturelle jaune, c'est-à-dire légèrement alcaline, et la même bile neutralisée ou légèrement acidifiée.

	après 15 heures	3 heures	6 heures
		d'exposition au soleil.	
Bile jaune de veau 2 cc. neutralisée. Eau distillée . . . 3 »	verte . .	commencement de décoloration	décoloration complète
Bile normale . . 2 » Eau distillée. . . 3 »	jaune verdâtre. . .	verte . .	décoloration
Bile normale. . . 2 » Soude 15 0/0. . 3 »	couleur verte . . .	verte . . .	liquide décoloré dépôt vert
Bile normale. . . 2 » Soude 30 0/0. . 3 »	jaune précipité jaune	verte . .	commencement de décoloration

Bile normale. . . 2 » à la surface, li-   même   liquide
  Soude 60 0/0. . 3 » quide incolore;   chose   incolore;
                     au fond, pré-   précipité
                     cipité jaune   jaune

Bile normale. . . 2 »   vert;   vert foncé; vert foncé;
Acide acétique 1 0/0 3 »   précipité en   dépôt   dépôt
                     suspension

Il résulte de là que le verdissement a été le plus facile dans les tubes neutres ou acidifiés ; au contraire l'alcalinité a empêché la transformation.

L'alcali à haute dose (à 60 pour 100) détermine une précipitation complète du pigment, et laisse le liquide incolore.

L'addition d'acide favorise la transformation du pigment jaune en pigments verts, d'abord vert clair, puis vert foncé c'est-à-dire en biliprasine (caractérisée par la réaction alcalino-acide), puis en biliverdine qui ne donne plus cette réaction.

34. Action de la chaleur. — La chaleur est le facteur le plus efficace de la transformation du pigment jaune en pigment vert.

Combinons son intervention avec celle de la réaction acide, alcaline ou neutre et avec la présence ou l'absence de l'air.

Expérience.

α) *En présence de l'air* :

	Durée de chauffage		
	2 heures	5 heures	24 heures
I. Bile jaune neutre .	verte; petit dépôt	jaune, rouge; dépôt rouge	presque décolorée; dépôt brun rouge
II. Bile jaune acide. .	vert laiteux; dépôt	jaune rouge; dépôt	presque décolorée; dépôt brun rouge

III. Bile jaune alcaline.   jaune. . rouge brun ; presque décolorée ;
                           dépôt   dépôt brun rouge

  β) *Dans le vide* :

IV. Bile jaune neutre .   verte . . jaune ;. . . décolorée ;
                 pas de précipité.précipité. . dépôt brun rouge
                             rouge

V. Bile jaune alcaline.   jaune ;. . jaune ; . . . décolorée ;
                 pas de précipité.dépôt. . . . dépôt brun
                             rouge

VI. Bile jaune acide. .   verte ;. . jaune ; . . . décolorée ;
                 pas de précipité.dépôt. . . dépôt brun rouge
                             rouge

Le chauffage des tubes se fait dans un thermostat à l'obscurité.

Le vide a été opéré avec la pompe à mercure.

En résumé, on observe 2 faits : 1° un changement de couleur qui aboutit finalement à la décoloration ; 2° la formation d'un dépôt, dont la teinte varie du jaune au brun roûge.

Comment expliquer ces faits ?

a) Prenons d'abord les solutions *en présence de l'air*.

Tube I. — La solution neutre présente une couleur qui passe du jaune au vert, puis au jaune rouge ; enfin il y a décoloration et dépôt jaune, puis brun rouge.

En présence de l'air, de la chaleur et de la réaction neutre, trois facteurs qui favorisent l'oxydation, le bilirubinate devient biliprasinate ; et le biliprasinate sous l'action de l'acide carbonique successivement chassé des carbonates devient biliprasine.

Outre cet effet, la chaleur en a un autre. Elle décompose à la longue la biliprasine et le biliprasinate par déshydratation et les réduit à l'état de bilirubinate.

Nous savons que le vide prolongé (n° 12) est en état de produire une action pareille. On peut expliquer le fait qui nous occupe ici, en invoquant précisément le vide qui se forme pendant le chauffage, et l'expulsion de l'air atmosphérique existant. Le passage d'un pigment à l'autre est accompagné de la formation d'un précipité ; celui-ci est dû à la chaleur qui altère les bilirubinates en les rendant insolubles, amène leur dépôt et par suite la décoloration du liquide.

Tube II. — L'insolubilisation amenée par la chaleur est encore bien plus facile dans les solutions acides qui déjà tendent à précipiter par elles-mêmes le pigment. Au commencement la couleur vert laiteux est due au mélange du vert biliprasinique avec le bilirubinate, qui reste en suspension.

Tube III. — Dans les solutions alcalines il ne se forme pas de biliprasine ; la couleur varie du jaune au jaune rouge ; la chaleur amène la décoloration avec formation d'un dépôt.

L'alcalinité est donc un caractère de stabilité du bilirubinate. On conçoit qu'elle empêche le passage du biliprasinate à la biliprasine ; les carbonates ne sont pas décomposés ; l'acide carbonique ne peut pas intervenir, sauf celui de l'air qui est en quantité insignifiante. Pour cette cause la couleur du liquide ne vire pas au vert ; elle reste au rouge brun qui appartient au biliprasinate, lequel se développe par la chaleur. En continuant le chauffage, le bilirubinate non transformé et le biliprasinate sont altérés et précipités ; d'où décoloration du liquide et formation d'un dépôt.

b) Voyons maintenant ce que donnent les solutions *dans le vide*.

Tubes IV et VI. — Solutions neutre et acide.

Le liquide après 20' de chauffage présente une couleur verte; après 5 heures, jaune; puis il y a décoloration et précipité qui devient brun rouge.

Le biliprasinate (rouge brun) qui existe dans la bile, est mis dans des conditions favorables pour sa transformation en biliprasine (vert). La couleur verte est due à la transformation du biliprasinate en biliprasine, sous l'influence de la réaction favorable (acide). Tel est le premier stade. Dans le second, le vide décompose la biliprasine en bilirubinate, d'où couleur jaune du liquide ; ce bilirubinate formé s'ajoute au bilirubinate existant non transformé et ces deux corps sous l'action prolongée de la chaleur sont altérés et précipités : d'où décoloration et dépôt.

Tube V. — Dans la solution alcaline, le liquide reste avec une couleur jaune ; c'est qu'il ne peut se former de biliprasine aux dépens du biliprasinate à cause de la réaction du liquide. La chaleur dépose le biliprasinate et le bilirubinate.

L'influence de la réaction est donc mise en évidence par ces expériences, en même temps que celle de la chaleur. La couleur des solutions dépend de la formation de tel ou tel pigment, réglée elle-même par la réaction acide ou alcaline.

35. Influence des diverses lumières, spectre. — Comme nous l'avions fait pour le bilirubinate (**19**), nous avons soumis la bile de veau à l'action prolongée des diverses régions du spectre. On voit un verdissement léger dans le vert et dans les deux extrémités du spectre, du côté du rouge et du violet ; cet effet correspond au spectre du bilirubinate, c'est-à-dire à l'action des radiations qu'il absorbe.

b) Moyens d'obtenir les pigments biliaires en série ascendante.
Agents hydrolysants et oxydants.

On a vu que les quatre pigments normaux, isolés chimiquement, dérivaient les uns des autres en série ascendante par des procédés d'hydratation et d'oxydation. On peut donc essayer de reproduire cette dérivation en traitant la bile elle-même par les agents hydrolysants et oxydants. De ce nombre sont : la papaïne (ferment soluble hydrolysant agissant en solution neutre) ; la laccase, ferment oxydant ; l'eau oxygénée, l'iode alcoolique, l'eau iodée, l'eau chlorée, l'eau bromée, le réactif de Gmelin (acide nitrique nitreux).

Avec ces agents employés dans des conditions convenables, on obtient, dans la bile même, la succession des pigments : originel, intermédiaires et définitif.

On peut arrêter l'expérience à celui des pigments que l'on veut, en modérant suffisamment l'action. Le réactif de Gmelin est le seul, qui ne se prête pas à cette graduation de l'effet.

36. Action des ferments solubles : laccase, papaïne. — On met la bile en contact avec une solution renfermant le ferment soluble ; le tout est maintenu à 40°. Un second échantillon, destiné à servir de témoin, sera préparé avec la même bile mélangée cette fois à la solution de ferment soluble bouillie, c'est-à-dire dans laquelle le ferment soluble aura été détruit.

Expérience.

		à l'obscurité à 37° après 20 minutes	1 heure

1. Bile jaune de veau. 5 cc.
   Solution de Laccase
      0 gr. 01/10 . . . 1 »
		vert	vert foncé

2. Bile jaune de veau. 5 »
   Solution de Laccase
      0 gr.01/10 bouillie. 1 »
		jaune	jaune

3. Bile jaune de veau. 5 » Eau distillée. . . . 1 »		jaune	jaune

La bile en contact avec la laccase à 37° pendant 20 minutes, a pris la couleur vert clair : traitée par la soude, elle devient jaune ; reprise par l'acide acétique, elle retourne au vert : c'est de la biliprasine. Après 1 heure de contact à 37° la bile devient vert foncé : la réaction alcalino-acide est négative : c'est de la biliverdine.

On obtient un résultat analogue, quoique moins marqué, en répétant l'expérience avec la papaïne. On part même de la bile verte fraîche de veau. Elle doit sa couleur à la biliprasine ; on s'en assure au moyen de la réaction alcalino-acide. Après l'action de la papaïne, la biliprasine a été transformée en biliverdine et biliverdinates, ne changeant plus lorsqu'on fait agir successivement l'alcali et l'acide acétique.

37. Action simultanée des ferments, de l'air, de la lumière, de la chaleur. — La bile verte naturelle de veau (biliprasine) est étalée dans une soucoupe au soleil, en couche mince. Au bout d'un certain temps on constate que la couleur a foncé et que la biliprasine a fait place à la biliverdine (qui ne jaunit plus par les alcalis).

En chauffant cette même bile en présence de l'air, on obtient également le passage à la biliverdine. Mais ces actions de l'air et de la lumière d'une part, de la chaleur de l'autre sont lentes : elles exigent quelquefois des heures. Avec la papaïne et la laccase, au contraire, elles sont rapides ; il ne faut plus que des minutes.

En résumé : les ferments solubles (laccase et papaïne) transforment, même à l'obscurité, le pigment biliaire jaune en pigment vert clair, puis foncé, dans la bile normale, en fixant sur la bilirubine l'oxygène libre ou dissous dans l'eau.

38. Action de l'eau oxygénée sur la bile. — L'eau oxygénée que nous employons est neutre ou très faiblement acide et contient seulement trois ou quatre volumes d'oxygène.

Avec la bile il se produit un effet remarquable. La bile fraîche décompose instantanément l'eau oxygénée en dégageant l'oxygène. La bile fraîche jouit à cet égard d'une activité spécifique qui peut être comparée à celle de la fibrine. C'est là un premier fait curieux.

Mais ce qui est remarquable, c'est que la bile bouillie ne produit pas ce même effet.

Expérience. — On peut donner à l'expérience une forme saisissante, en employant les tubes à fermentation de Claude Bernard (tubes à essai à bouchon traversé par un tube à dégagement, dont une extrémité plonge au fond du tube à essai, tandis que l'autre est infléchie). Celui qui contient la bile fraîche se vide instantanément. L'autre reste plein.

Une objection se présente aussitôt à l'esprit, en ce qui concerne cette différence d'action de la bile fraîche et de la bile cuite. Gernez a montré, en effet, que certaines poudres, qui décomposent habituellement l'eau oxygénée, cessent d'agir lorsqu'au préalable elles ont été fortement calcinées. Il faut qu'il existe autour des grains une atmosphère (que la calcination fait disparaître) et qui est capable de fournir issue à l'oxygène dégagé du bioxyde d'hydrogène. D'après cela, on pourrait croire qu'ici l'ébullition a fait disparaître de la bile tout le gaz dissous et que c'est pour cela que l'effet manifesté avec la bile fraîche, cesse de l'être avec la bile bouillie. Il n'en est rien. Si, après ébullition, on aère longtemps la bile par un courant d'air ou d'acide carbonique, le résultat est le même.

Il y a donc dans la bile fraîche une substance liquide qui jouit à un haut degré de la propriété de décomposer l'eau oxygénée et d'en dégager l'oxygène et que l'ébullition détruit. La bile fraîche constitue un réactif sensible de l'eau oxygénée.

On ne peut se défendre ici d'un rapprochement : La fibrine fraîche décompose de même l'eau oxygénée. La fibrine cuite (longtemps) ne la décompose pour ainsi dire plus du tout. D'autre part, on sait que la fibrine crue contient divers ferments enlevés au sang et spécialement une oxydase. On pourrait supposer que c'est cette oxydase, destructible par l'ébullition, qui décomposerait l'eau oxygénée. Peut-être serait-ce aussi une oxydase qui serait détruite dans la bile.

Quoi qu'il en soit, voici les faits : la bile fraîche, mise en présence d'eau oxygénée, produit un dégagement à peu près total et instantané de l'oxygène ; elle subit en même temps un verdissement fugace et bientôt après une décoloration.

Pour constater que le dégagement d'oxygène s'est fait du premier coup, d'une manière à peu près totale, on peut employer divers moyens ; l'un d'eux, emprunté à ces expériences mêmes, consistera à ajouter de nouveau un peu de bile fraîche ou de fibrine fraîche. On n'observera plus aucun dégagement.

La bile bouillie, au contraire, ne donne pas lieu à un

dégagement. Elle garde sa couleur de début, qui pâlit ensuite et disparaît à la longue après plusieurs jours. L'eau oxygénée n'a pas été détruite, au moins en grande quantité, car deux mois après on peut encore s'assurer de son existence en ajoutant de la fibrine fraîche ou mieux encore de la bile fraîche, réactif très délicat de l'eau oxygénée.

On peut, en modérant l'action de l'eau oxygénée, obtenir les pigments biliaires en série ascendante. La bile fraîche jaune traitée par l'eau oxygénée devient vert clair (biliprasine donnant la réaction alcalino-acide), puis vert foncé ne donnant plus la réaction alcalino-acide, c'est la biliverdine ; puis, avant la décoloration complète, apparaît une couleur rouge marron, correspondant à un stade encore inconnu de l'oxydation des pigments biliaires (chlolétéline ?). Ce pigment jaune rouge est caractérisé par un spectre particulier. Ce spectre ressemble à celui des vrais pigments biliaires, par l'absorption qui se fait aux deux extrémités, rouge et violette, mais il en diffère par l'adjonction de deux bandes, dans le rouge et le jaune.

Avec la bile bouillie on observe quelque chose d'analogue. Elle aussi donne, et d'une manière moins fugace, la succession des couleurs de la bile fraîche en présence de l'eau oxygénée, c'est-à-dire le vert clair, puis le vert foncé, puis le rouge, puis la décoloration. La coloration rouge du pigment qui se montre avant la décoloration diffère un peu de la précédente. Le spectre en est autre. Il offre, outre les deux plages du violet et du rouge, une seule bande intermédiaire, qui coïncide sensiblement avec celle qui était le plus près du rouge dans le spectre précédent.

En résumé, l'action de l'eau oxygénée nous a révélé

une propriété remarquable, à savoir que la bile fraîche est un réactif physiologique très délicat de cette eau oxygénée et en second lieu qu'il y a entre la bile fraîche et la bile qui a été soumise à l'action de la chaleur, des différences essentielles qui sont traduites dans le tableau suivant.

Bile fraîche. ———————————— *Bile cuite.*
avec l'eau oxygénée.

Bile fraîche	Bile cuite
1° Dégagement d'O.	1° Pas de dégagement apparent.
2° Coloration vert foncé persistant quelques heures.	2° *Idem* persistant plus longtemps.
3° Puis coloration rouge donnant un spectre à 2 bandes.	3° *Idem* (spectre à une seule bande).
4° Après 24 heures, commencement de décoloration.	4° La décoloration commence après un jour et se complète en 7-8 jours.
5° Décomposition à peu près totale de l'eau oxygénée.	5° Dans la bile bouillie, l'eau oxygénée se conserve longtemps, on peut la déceler après 2 mois dans le mélange décoloré (en ajoutant de la fibrine fraîche ou de la bile fraîche) ; il y a dégagement gazeux.

39. Action de l'iode alcoolique. — L'iode alcoolique (la même solution que nous avons employée pour l'étude du bilirubinate) est un agent d'oxydation graduée et faible, qui permet d'en suivre les phases.

Expérience. — L'iode alcoolique centi-normal est ajouté à la bile jaune fraîche de veau au moyen d'une pipette graduée en centièmes de centimètres cubes :

1° On ajoute 1 centième de centimètre cube de la solution centi-normale à 1 centimètre cube de bile jaune fraîche ; celle-ci devient de couleur vert clair. Ce produit est de la biliprasine (il rougit par l'alcali et redevient vert par l'acide acétique).

2° On ajoute à la même quantité de bile 2 divisions d'iode alcoolique, la couleur est vert foncé (persistant par l'alcali) ; c'est de la biliverdine (biliverdinates).

Si l'on continue à ajouter de l'iode alcoolique, la couleur subit de nouveaux changements, bleu, jaune, rouge puis la liqueur se décolore.

40. Action de l'eau chlorée, de l'eau bromée. — Avec l'eau chlorée, l'eau iodée, l'eau bromée, nous avons les mêmes résultats. Nous signalerons des colorations bleuâtre, puis quelquefois bleu intense, plus ou moins fugaces ; plus tard se montre le jaune.

41. Réactif de Gmelin (*Acide azotique nitreux*). — Les actions oxydantes précédentes, se prêtent à une gradation d'effet, qui nous permet d'obtenir chaque produit, caractérisé par une couleur différente. Avec l'acide nitrique nitreux (réactif de Gmelin), on obtient les mêmes produits, les mêmes couleurs ; mais l'action se précipite, les teintes se succèdent sans qu'on puisse les séparer.

La bile de bœuf donne mal la réaction de Gmelin (Salkowski). La bile humaine, la bile de chien et la bile de porc la donnent bien à la condition d'être diluées. Cette dilution supprime l'abondance du précipité de pseudomucine, qui dissimule ou empêche l'observation.

Le type de la réaction de Gmelin est fourni par la bile de veau. Cette différence de la bile de veau et de la bile de bœuf, est intéressante. C'est une différence de l'état jeune et de l'état adulte, qui traduit peut-être simplement la différence d'alimentation.

Que ce soit une différence d'alimentation, ou une différence d'âge, qui se manifeste ainsi, le fait n'en est pas moins digne de remarque.

On opère sur la bile de veau jaune ou verte. Voici briè-
vement la série des phénomènes :

Manière d'opérer. — On verse dans le fond d'un petit verre à réaction une petite quantité d'acide azotique nitreux (acide nitrique traité
par une goutte de mercure). Au-dessus, au moyen d'une pipette, on
fait arriver la bile avec précaution, de manière à éviter l'agitation et
le mélange des deux liqueurs. A la limite de séparation, l'acide azotique diffuse et réagit sur le liquide biliaire ; il se produit dans celui-
ci une série de couches superposées, correspondant à des degrés divers d'oxydation, les plus oxydées en bas.

Les phénomènes se succèdent d'ailleurs aussi dans le temps. Ces
couches paraissent d'abord se partager en deux groupes : le groupe
inférieur *jaune rouge* ; le groupe supérieur : *violet bleu*.

Puis, chaque groupe se nuance ; au bas du groupe inférieur, le
rose apparaît ; au haut, le vert clair, qui devient rapidement vert
foncé et persiste quelque temps ; dans l'intervalle l'orangé et le rouge,
qui disparaissent bientôt et toute la couche prend une teinte rosée de
plus en plus pâle. En même temps un précipité blanchâtre servant de
support aux couches colorées s'accroît. Pour le groupe supérieur d'a-
bord le vert passe par place au bleu, puis toute la couche verte
devient bleue, puis passe au violet ; et à la fin de l'opération, qui dure
de 15 à 20 minutes, au rose pâle.

Bile de bœuf. — Avec la bile de bœuf, les phénomènes sont
moins nets. Cette particularité tient à ce que le précipité blanchâtre
envahit irrégulièrement l'épaisseur tout entière de la zone biliaire
et empêche la superposition régulière des couches d'oxydation.

La seconde particularité c'est que la couche verte, qui dans le cas
précédent était persistante et bien marquée, ici est fugace. Toutes
les couches sont mélangées à cause de l'apparition d'une bande
(formée par le précipité) qui pousse des ramifications en haut et en
bas.

Chez le veau la couche superficielle était formée, à la fin de l'expérience, par une série de zones concentriques variant du vert (au
centre) au bleu et au violet en marchant vers les bords du verre. Avec
la bile de bœuf, tout est mélangé.

En résumé, les phénomènes essentiels sont les mêmes

avec la bile de bœuf qu'avec celle de veau, mais l'observation est rendue difficile par le précipité azotique et c'est dans ce sens qu'il faut entendre l'assertion des auteurs que la « bile de bœuf donne mal la réaction de Gmelin ».

42. Action de l'acide carbonique. — L'acide carbonique permet de passer dans la série ascendante, d'un pigment intermédiaire au suivant. En faisant passer un courant de CO_2 dans la bile jaune de veau, on obtient une coloration vert clair, qui traduit la transformation du biliprasinate de sodium en *biliprasine* (réaction alcalino-acide). Plus tard, on arrive même au pigment biliverdinique ; alors, la réaction alcalino-acide est négative.

c) Pigments biliaires en série descendante. Agents réducteurs.

43. Hydrogène sulfuré. — Les artifices chimiques, consistant dans l'emploi des agents d'oxydation, nous ont permis, en partant de la bile naturelle, d'obtenir en série ascendante les divers pigments biliaires. Inversement l'emploi des agents réducteurs va nous permettre d'obtenir les mêmes pigments en série descendante. Ces agents sont : l'amalgame de sodium, le sulfhydrate d'ammoniaque, l'acide chlorhydrique et le zinc et le courant électrique.

Nous parlerons seulement du courant d'hydrogène sulfuré, qui est d'un usage commode.

On part d'une bile ne contenant que le pigment supérieur, biliverdinate et biliverdine.

On l'obtient de la manière suivante :

La bile verte fraîche de veau est chauffée pendant 20 minutes à 100°; il se produit un précipité, qui est séparé par le filtre : le filtrat est recueilli : il est vert foncé.

Ce pigment vert c'est de la biliverdine (la réaction alcalino-acide est négative).

Cette bile, soumise à un courant d'hydrogène sulfuré, change de couleur dès les premières bulles gazeuses. De foncée elle devient vert clair ; et alors le liquide traité par la soude devient rouge, puis par l'acide redevient vert ; c'est la biliprasine.

En suivant l'action du courant, on voit la couleur passer au jaune rouge.

Qu'est-ce que ce pigment rouge ?

C'est le pigment bilirubinique mélangé au biliprasinate du début, comme le prouvent les caractères suivants :

1° La réaction de Gmelin est positive ;

2° Traité par la chaleur, en présence de l'air, il verdit ;

3° L'eau iodée, l'eau bromée, l'eau chlorée le transforment en pigment vert ;

4° Le vide ne change pas sa couleur ; ce sont là quatre caractères du pigment bilirubinique ;

5° L'acide acétique le colore en vert ;

6° Par le courant de CO_2 il devient vert clair, à réaction alcalino-acide positive, c'est-à-dire biliprasine. Ce sont là deux caractères du biliprasinate.

d) Formation et évolution des pigments biliaires normaux
aux dépens du pigment originel.

44. Transformation des pigments dans le foie à l'état vivant. Hypothèse de l'oxydase hépatique. — Après avoir vu les transformations des pigments biliaires, *in vitro*, il faut se demander comment elles s'accomplissent *in vivo* ?

Et d'abord, on ne peut douter de l'existence de ces transformations. Il est infiniment vraisemblable que le pigment originel de la bile est la bilirubine (bilirubine, bilirubinates). La bile première est donc jaune. Ce n'est que postérieurement que se produisent les pigments biliprasiniques et biliverdiniques qui la colorent en brun ou en vert dans la vésicule biliaire. Où se produit cette transformation ?

C'est la première question à résoudre.

L'observation faite chez quelques animaux à bile vésiculaire verte, trouvée jaune dans les canaux hépatiques, semble indiquer que les changements ne se produisent qu'au delà de la cellule hépatique et même des canalicules hépatiques, dans les gros conduits biliaires et dans la vésicule. C'est l'opinion que nous adopterons.

Mais d'autre part il y a des arguments pour admettre le contraire. Ces arguments sont tirés de la difficulté qu'il y a à comprendre la production, dans les conduits biliaires, des phénomènes d'oxydation qui sont nécessaires au changement de la bilirubine.

La difficulté serait évidemment moindre au niveau de la cellule hépatique, qui est coutumière d'oxydations. Là, les conditions physiologiques d'oxydation qui président au fonctionnement hépatique ont encore toute leur activité.

Au delà, les conditions physiques agissent seules et celles-ci ne sont pas favorables à la transformation du pigment bilirubinique.

En effet, les solutions de bilirubinate, pigment jaune fondamental, se conservent longtemps telles quelles en milieu alcalin, à l'obscurité, à une température inférieure à 40° et cela en présence de l'air ; à plus forte raison à l'abri de l'air.

Dès lors, si l'on admet qu'au moment de sa formation, la bile est *une solution de bilirubinate dans les carbonates alcalins* ; ou en d'autres termes que le pigment originel, le premier formé, source des autres, est la bilirubine, on doit se demander comment la bile des dernières voies et tout au moins celle de la vésicule peut contenir ces autres pigments, les pigments biliprasiniques et la biliverdine.

En effet, aucune des conditions d'oxydation et d'hydratation n'est réalisée ; il n'y a pas de contact avec l'oxygène atmosphérique ; l'oxygène dissous existe en très faible quantité (2 pour 1000), à la rigueur pourtant suffisante : mais la lumière n'a pas accès ; la température est inférieure à 40° ; enfin, l'eau de solution diminue dans la vésicule et la bile se concentre, circonstance défavorable à l'hydratation . Et cependant , l'observation apprend que ces transformations se sont produites puisque les pigments biliprasiniques et biliverdiniques existent dans la bile normale ; et, d'autre part, l'expérience faite avec la bile fraîche montre que les transformations qui restent à accomplir, sont plus faciles avec cette sécrétion naturelle qu'avec les solutions artificielles de bilirubinates.

Si donc l'on rejette l'idée que les pigments biliprasiniques existent dès la cellule hépatique, on sera obligé d'admettre qu'il existe un agent particulier d'oxydation. Cet agent particulier subsistant dans la bile ne serait autre chose qu'un ferment hépatique de la nature des oxydases. Il y aurait une oxydase destinée à réaliser les combustions hépatiques. Telle est l'hypothèse, d'ailleurs assez vraisemblable. Le reste va de soi : une partie de cette oxydase pourrait être entraînée par la bile jusque dans la vésicule.

C'est elle qui faciliterait l'oxydation des pigments,

oxydation que des conditions physiques ordinaires ne semblent pas permettre d'expliquer suffisamment.

Les arguments plus directs à l'appui de cette supposition sont les suivants : 1° le fait que la bile fraîche bleuit la teinture de gaïac, tandis que la bile bouillie (même après agitation à l'air pour dissolution d'oxygène) ne donne pas cette réaction ; 2° le fait que la bile fraîche décompose immédiatement l'eau oxygénée et en dégage l'oxygène, tandis que la bile bouillie ne se comporte pas ainsi ; 3° le ferment oxydant typique (la laccase de G. Bertrand) favorise l'oxydation de la bilirubine dans les solutions artificielles, c'est-à-dire la formation des pigments biliprasiniques et des biliverdinates. La solution verdit à la température ordinaire, même à l'obscurité.

45. Tentatives pour manifester l'oxydase hépatique. — Nous avons fait diverses tentatives pour manifester cette oxydase hypothétique soit dans la bile même, soit dans le tissu hépatique. En ce qui concerne la bile nous partions de cette idée que les biles jaunes riches en bilirubinates sont celles qui n'ont entraîné qu'une quantité insignifiante d'oxydase. Au contraire une bile verte dès les canaux hépatiques, aura entraîné de l'oxydase. S'il en est ainsi on devra, en mélangeant une petite quantité de bile verte naturelle (qui est supposée contenir l'oxydase) à une bile jaune (bilirubinique), qui ne la contient pas, amener une oxydation de cette dernière.

Quelques essais de ce genre ont semblé vérifier cette induction. Mais ils sont trop incomplets pour que nous les rapportions ici.

En second lieu, nous avons essayé de manifester l'oxydase dans le tissu du foie lavé. Ce tissu séché, mis à ma-

cérer avec le fluorure de sodium, nous a fourni un liquide
que nous avons mélangé à la bile jaune. Nous n'avons pas
obtenu de résultat. La tentative, cette fois, a été nettement
infructueuse.

Cependant d'autres auteurs ont traité de l'oxydase du
foie. Dans la liste des tissus étudiés par Salkowski, Jaquet,
Spitzer, Abelous et Biarnès, le foie est l'un des plus remarquables : au point de vue oxydant, il occupe le premier
ou les premiers rangs.

Récemment P. Portier (1) acceptant l'existence de l'oxydase, comme cause de la transformation des pigments
biliaires dans la vésicule, en a attribué l'origine, non aux
cellules hépatiques, mais aux globules blancs. Il part de
ce fait qu'il existe une diapédèse des leucocytes à travers
les parois du tube digestif. Celle-ci serait très active au
niveau de la vésicule biliaire. Les leucocytes traversant
en grand nombre les parois de la vésicule s'y détruiraient
et y mettraient en liberté leur oxydase. C'est cette oxydase qui transformerait la bilirubine en biliprasine, puis
en biliverdine.

(1) P. PORTIER, *Les oxydases*. Thèse de Paris, 1897, p. 83.

CHAPITRE III

Variétés des pigments biliaires.

Biles des divers animaux.

46. Variété de bile jaune de veau. — Il arrive que l'on trouve parmi les différents échantillons de bile jaune de veau (3 fois sur 100 environ) des biles de nature particulière. Lorsque, en effet, on traite cette bile par l'acide acétique, au lieu de devenir verte par transformation du biliprasinate en acide biliprasinique, elle devient rouge. De même en la traitant par la chaleur, par les agents oxydants : la laccase, l'eau oxygénée, l'iode alcoolique, l'eau iodée, etc., cette bile devient rouge foncé. Il y a donc, en outre du pigment jaune brun habituel passant au vert, un autre pigment de même couleur, pigment exceptionnel, qui, sous les mêmes influences des acides, ou des oxydants, passe au rouge. Cette couleur est assez vive pour masquer la teinte verte.

Nous avons examiné le spectre d'absorption de cette bile :

Ce spectre présente une absorption des régions rouge, violette et une bande large en D.

Mac Munn a observé aussi que les biles de veau et bœuf laissées à l'air prennent graduellement la teinte rouge du pigment nommé par lui cholohématine. C'est alors un produit d'altération, peut-être spécial à l'agent altérant (microbe). Quant au pigment rouge dont nous parlons et qui résulte de l'action de la chaleur et des divers agents oxydants sur la bile plus ou moins fraîche, il se rapproche par sa couleur et son spectre de la cholohématine de Mac Munn.

47. Bile de porc. — On recueille la bile fraîche de la vésicule chez un porc, qu'on vient de sacrifier. Elle présente une couleur rouge. Elle est rendue trouble par un précipité pulvérulent qui se dépose difficilement. Sa réaction est toujours alcaline. En filtrant, on obtient un liquide rouge rubis, clair ou sombre, de couleur assez intense, constitué par le bilirubinate de soude. Sur le filtre, reste le dépôt jaune rouge granuleux de même nature.

a) Quantité de la bilirubine. — En employant le procédé de A. Jolles on trouve comme quantité moyenne de bilirubine 0,25 pour 100; c'est-à-dire, une proportion assez forte pour donner la couleur rouge en solution alcaline. Diluée, cette bile présente une couleur jaune ambré.

A cette bile diluée on peut appliquer tous les moyens d'oxydation, l'action de la lumière, de la chaleur, de l'iode alcoolique, de l'eau chlorée, de l'eau iodée. On obtient les mêmes résultats qu'avec la bile de veau.

Expérience. — Bile de porc, 1 centimètre cube; eau distillée 5 centimètres cubes. La couleur du mélange est jaune ambré.

1 centimètre cube de bile diluée traitée par 0 div. 5 d'iode alcoolique prend une couleur verdâtre.

1 centimètre cube de bile diluée traitée par 0 div. 9 d'iode alcoolique devient vert; la couleur devient rouge par la soude, verte par l'acide acétique; c'est de la biliprasine.

1 centimètre cube de bile diluée traitée par 1 div. d'iode alcoolique devient vert foncé; cette couleur n'est pas modifiée par la soude ni l'acide acétique.

1 centimètre cube de bile diluée traitée par 1 div. 5 d'iode alcoolique devient bleuâtre (bilicyanine).

Il est avantageux d'employer la bile diluée, au lieu de bile pure. On obtient facilement ces produits.

La réaction de Gmelin réussit mal avec la bile pure.

Même en usant de grandes précautions pour verser la bile sur l'acide nitrique-nitreux, on voit se former des mélanges partiels, des ilots irréguliers présentant les diverses couleurs habituelles : le vert, le bleu, le violet, le jaune ; ces teintes se mélangent confusément. Cet effet est dû à l'existence d'une grande quantité de pseudo-mucine qui se précipite et brouille les couches.

En diluant la bile de porc, la réaction de Gmelin se produit aussi bien qu'avec la bile de veau.

Sous *l'action de la laccase* la bile diluée verdit, même à l'obscurité.

Avec *l'eau oxygénée*, il se produit un verdissement et un dégagement abondant ; tandis qu'avec la bile bouillie il n'y a pas de dégagement.

b) Pigment intermédiaire. — La couleur rouge est due aux bilirubinates alcalins qui constituent la dominante.

Il y a néanmoins une certaine quantité de pigment jaune, de biliprasinate de sodium. En effet, en ajoutant de l'acide acétique glacial, la liqueur devient vert clair, puis vert foncé.

D'ordinaire, il faut observer quelques précautions, pour réussir cette expérience ; il faut agir sur la bile étendue d'eau et bien régler l'addition d'acide acétique. La bile de porc est en effet extrêmement riche en substances précipitées par l'acide acétique et particulièrement en pseudomucine. Il se produit donc, dès l'arrivée des premières gouttes d'acide acétique, un abondant précipité qui masque les autres changements. Mais, d'autre part, nous savons que la pseudomucine biliaire est soluble dans un excès d'acide acétique (caractère qui la distingue de la vraie mucine). On continuera donc à ajouter de l'acide acétique jusqu'au moment précis de la disparition du précipité. A ce moment on apercevra le virage au vert. L'addition ultérieure de soude ramènera la couleur jaune.

c) Action de l'acide carbonique. — Si l'on fait arriver dans la bile diluée du porc un courant d'acide carbonique, la couleur rouge se change en vert clair ; c'est la biliprasine, qui se caractérise par le rougissement avec la soude et le reverdissement avec l'acide *acétique*.

Un mot, maintenant, sur le dépôt obtenu en filtrant la bile de porc naturelle. Ce dépôt est de couleur jaune rougeâtre. Il est formé de bilirubinate qui n'a pu rester en solution et de bilirubine libre, l'alcalinité n'étant pas suffisante pour salifier cette bilirubine. La preuve de ce que nous avançons, c'est que ce dépôt traité par le chloroforme directement colore celui-ci assez nettement.

La bile de porc, sous l'influence de l'oxygène de l'air, de la lumière, de la chaleur, devient verte par transformation des bilirubinates en biliverdinates. Abandonnée à elle-même, cette bile verte s'altère sous des influences microbiennes et retourne au jaune rouge. Ce sont les mêmes phénomènes observés déjà avec la bile de veau.

Seulement la transformation ici semble plus active. Une culture sur gélatine faite avec la bile de porc de 4 jours, liquéfie rapidement cette gélatine.

48. Bile de chien. — La bile de la vésicule, chez le chien, se place au point de vue de la quantité de bilirubine qu'elle contient entre la bile de veau et celle de porc. Jaune rouge dans les canaux biliaires, elle prend une teinte composée vert sombre et jaune rouge dans la vésicule.

a) Influence des agents de transformation. — Pour apercevoir nettement les transformations des pigments biliaires, il ne faut pas opérer sur la bile normale, qui est trop concentrée et dont les teintes rouge, jaune et verte se mélangent et se masquent réciproquement. Il faut opérer sur la bile diluée, par exemple sur le mélange suivant : bile 1 partie, eau distillée 4 parties.

Cette bile diluée est d'une couleur jaune paille vif. A l'air et à l'obscurité, elle ne change pas. Mais *à la lumière et à l'air*, elle verdit ; de même, sous l'action de la chaleur.

L'influence de la réaction se fait également sentir. Si l'on chauffe à 75° à l'air et à l'obscurité, pendant 1 heure, la bile normale diluée, on n'observe pas de changement notable ; ce n'est qu'en prolongeant la chauffe qu'on aurait une variation de teinte. Mais, si au lieu de bile normale légèrement alcaline, on emploie la bile diluée neutralisée ou légèrement acide, le verdissement, c'est-à-dire l'oxydation, se trouve facilitée ; le chauffage d'une heure suffit.

b) Existence du stade intermédiaire biliprasinique. — La bile du chien renferme surtout le pigment bilirubinique. Le pigment intermédiaire biliprasinique y existe cependant abondamment ; il s'y forme facilement sous les moindres influences.

L'expérience suivante en fournit la preuve.

Expérience. — On met à nu la vésicule biliaire chez un chien (bien portant, alimenté au lait et préparé pour l'opération de la fistule biliaire).

La bile recueillie est de couleur orangé-rouge. On l'étend à cinq volumes avec l'eau distillée et on en remplit à moitié hauteur plusieurs tubes à essai.

Ces tubes présentent une coloration jaune rouge et une réaction alcaline. On fait passer dans le tube n° 1 un courant d'acide carbonique. Au bout de 10 minutes le tube est vert, vert foncé.

Pour comparaison, dans le n° 2, on fait passer un courant d'air ; pas de changement au bout d'une heure. Les tubes témoins, 3, 4 exposés à l'air n'ont pas changé.

Ceci posé, on reprend le n° 1, qui est de couleur vert foncé ; on y ajoute quelques gouttes d'acide acétique glacial, la liqueur passe au vert clair. On traite alors par la solution de soude, la liqueur redevient jaune. On reproduit encore une fois, avec la même liqueur, les virages du jaune au vert et du vert au jaune.

Ces épreuves établissent donc *l'existence dans la bile jaune du biliprasinate à côté du bilirubinate*. C'est ce biliprasinate qui, sous l'action du courant de CO_2, devient biliprasine (acide biliprasinique) de couleur verte et de nouveau biliprasinate jaune sous l'action de la soude.

On chauffe à 75°, pendant un quart d'heure, la solution acétique verte. La couleur s'accentue. Il se forme un biliverdinate et désormais il sera impossible de revenir au jaune en employant l'alcali. Enfin, dernier caractère appartenant à la biliprasine : la solution verte acétique est jaunie et précipitée par l'action du vide.

On peut encore montrer d'une autre manière que lorsque l'on a fait passer le courant de CO_2 dans la bile jaune du chien, le verdissement est bien dû à son action propre et non point, par exemple, à une oxydation par de l'air entraîné avec CO_2, oxydation qui donnerait de la biliverdine. On opèrera avec une variante :

Expérience. — La bile pure est saturée d'acide carbonique ; l'eau qu'on y mélange à raison de 4 volumes pour 1 de bile est également saturée d'avance d'acide carbonique. On fait barboter CO_2 dans le mélange. Celui-ci devient vert très rapidement.

Comme contre-épreuve le tube témoin où circule l'air n'a pas changé de couleur.

c) Verdissement sans intervention de l'oxygène. — Ces expériences expliquent un phénomène qui a été mal interprété par quelques observateurs.

C'est à savoir que la bile jaune diluée de chien reste jaune dans le vide, tandis qu'elle verdit à l'air. On en a conclu que l'oxygène était indispensable au verdissement de la bile. Ce n'est pas exact; nous venons de voir que la *bile jaune verdit sans intervention de l'oxygène, par la seule action de l'acide carbonique.*

La biliprasine une fois formée passe facilement à l'état de biliverdine, par déshydratation et oxydation, ou par déshydratation seulement, comme nous l'avons dit déjà.

On peut faire avec la bile de chien diluée les mêmes expériences que l'on fait avec les pigments purs. La bile rendue verte (pigment biliverdinique) peut être ramenée à l'état de bile jaune (pigment bilirubinique) par l'action réductrice de l'hydrogène sulfuré. Dans ce passage, on saisit fort bien le stade biliprasinique si l'on opère avec précaution.

Inversement, les agents oxydants, l'iode alcoolique, l'eau chlorée, bromée, iodée, le chauffage à l'air permettent de passer de la bile rouge du chien à la bile définitivement verte en traversant le stade biliprasinique.

d) Réaction de Gmelin. — La bile de chien normale donne très mal la réaction de Gmelin à cause de l'abondance de la pseudo-mucine.

Le précipité qui se forme empêche la superposition régulière des couches et amène des mélanges de masses à différents états d'oxydation et de coloration. On évite cet inconvénient en opérant sur la bile diluée. La réaction réussit alors, parfaitement.

e) Eau oxygénée. — La bile de chien contient aussi une substance qui est capable de décomposer instantanément l'eau oxygénée. Avec la bile bouillie la décomposition est très limitée. Dans les deux cas il y a à la fin décoloration.

f) Existence d'un pigment rouge. — Par l'action de la chaleur (30° à 75°) la bile de chien non diluée devient rouge.

Wertheimer et Meyer (1) ont observé dans la bile de chien un spectre à 2 bandes : une bande d'absorption dans le rouge à bord net du côté du jaune, estompé du côté du rouge. Pour la bien voir il faut augmenter la concentration de la solution. A côté de cette bande, il existe une seconde bande entre C et D, tout près de D.

Ce spectre correspondrait à celui que Heynsius et Campbell attribuaient à la bilicyanine qui est bleue en milieu acide, verte en milieu alcalin rouge en solution neutre. La bile rouge, qui résulte de l'action de la chaleur, donne précisément le spectre que nous venons de décrire.

Ce pigment rouge est un produit d'altération : c'est le résultat d'une oxydation poussée sans doute au delà de la biliverdine, la bile du chien s'oxydant facilement à l'air et à la lumière et mieux encore si à ces actions s'ajoute la chaleur. Ce pigment ne doit donc pas être considéré comme un pigment naturel, normal, physiologique. A côté de ce pigment rouge se produit, sous les mêmes actions oxydantes, le pigment vert. La couleur du liquide est due au mélange de ces deux pigments vert et rouge, ou à la prédominance de l'un d'eux.

(1) E. WERTHEIMER et MEYER, De l'apparition de l'oxyhémoglobine dans la bile. *Archives de physiologie*, 1889, p. 441.

49. Bile de lapin. — La bile de lapin est ordinairement de couleur vert clair, rarement vert foncé ; cette couleur est due au pigment biliprasinique, comme le montre l'expérience suivante :

Expérience. — On étend la bile à 5 volumes. On traite par quelques gouttes de solution de soude à 30 0/0. La liqueur devient jaune et trouble. On chauffe, la couleur jaune s'accentue et passe au rouge. Le trouble se reproduit par refroidissement.

On ajoute de l'acide acétique glacial : la liqueur prend la couleur verte. Le virage peut être alternativement répété plusieurs fois.

La liqueur verte, soumise à l'action du vide, passe au jaune, jaune fixe que *l'acide* ne détruira plus (bilirubinate).

Variétés. — *Bile blanche.* — Quelquefois, mais très rarement, la bile de la vésicule est blanche et trouble. Elle est semblable à celle que l'on nomme *bile décolorée*, dont les pigments ont été déposés. Il faut admettre ici que les pigments ont fait défaut (ce qui montrerait l'indépendance des deux processus qui fournissent l'un les acides biliaires, l'autre le pigment) ou que le pigment biliaire aurait été oxydé jusqu'à décoloration (ce qui est moins vraisemblable, quoique possible). La réaction de cette bile est alcaline. L'action des oxydants ou des réducteurs n'y change rien.

50. Bile de cobaye. — Elle est ordinairement de couleur vert clair et ressemble à celle du lapin ; d'autres fois la bile est jaunâtre ; chez le cobaye les biles blanches sont plus rares que chez le lapin. Comme chez le lapin, la bile verte du cobaye devient jaune par la soude et retourne au vert par l'acide acétique. La *couleur est due à la biliprasine*.

Oiseaux.

51. Bile de poulet. — La vésicule est colorée en vert : pourtant la bile qu'elle contient est rouge jaune ; elle est trouble ; elle ressemble par sa teinte à celle du chien et du porc ; sa teneur en bilirubine est inférieure à celle du chien. Elle *doit sa couleur jaune aux biliprasinates* comme le prouve l'expérience suivante :

Expérience. — La bile est diluée avec 4 fois son volume d'eau, la réaction est légèrement acide.

L'alcali clarifie la liqueur et dilue sa teinte qui de rouge sombre devient rouge clair ; l'acide acétique glacial la fait passer au vert émeraude, rapidement. Avec le même tube, on peut répéter plusieurs fois les mêmes alternatives.

Examinons l'action des agents oxydants.

a) Iode alcoolique. — La bile diluée traitée par l'iode alcoolique avec précaution devient d'abord vert clair (acide biliprasinique), redevenant rouge par la soude et retournant au vert par l'acide acétique.

L'excès d'iode alcoolique change le pigment jaune en pigment vert définitif (biliverdine), qui ne donne plus la réaction alcalino-acide. En poussant plus loin l'action, la couleur passe au violet, au bleu, et enfin au jaune (cholétéline).

b) Réaction de Gmelin. — Avec la bile diluée la réaction est très nette ; les diverses couleurs se distinguent très bien et le passage d'une couleur à l'autre se fait moins vite que dans d'autres biles.

c) Sels de manganèse. — Avec le chlorure de manganèse, la bile devient trouble par la formation d'un précipité qui masque la couleur verte. La filtration montre la coloration verte du liquide, que la soude ramène au rouge (avec précipité) et l'acide acétique glacial au vert. En prolongeant l'action, on obtient les teintes vert foncé et bleue (bilicyanine).

Par l'acide carbonique on obtient les 2 teintes vert clair et vert foncé. L'hydrogène sulfuré ramène le vert au rouge (bilirubinate).

La bile du poulet contient aussi la substance qui décompose l'eau oxygénée et qui est détruite par la chaleur ; la bile bouillie ne décompose plus l'eau oxygénée avec vivacité.

Reptiles.

52. Tortue. — La tortue possède un foie très volumineux ; la vésicule biliaire présente la couleur verte : mais la bile est de couleur jaune-brun. On s'assure facilement au moyen de la réaction alcalino-acide que cette couleur est due au biliprasinate de sodium.

La réaction de Gmelin se produit très facilement.

Batraciens.

53. Grenouille. — On doit recueillir les vésicules biliaires d'un assez grand nombre d'animaux. Il faut environ 40 vésicules biliaires pour avoir 1/4 de centimètre cube. La couleur de la bile est verte ; elle est assez intense pour qu'il y ait intérêt à la diluer au cinquième.

Cette couleur est due à la biliprasine ; la soude à 30 0/0

fait virer la liqueur au rouge et l'acide au vert ; le vide fait passer le vert au jaune.

La bile contient très peu de bilirubine libre ; si on l'additionne de chloroforme, celui-ci reste presque incolore.

Par l'iode alcoolique, l'eau chlorée, bromée, etc., le pigment passe au vert foncé.

L'eau oxygénée se décompose et la bile se colore en vert foncé ; puis la décoloration arrive.

La réaction de Gmelin est très nette.

L'action de la chaleur à 75° pendant une heure fait passer la bile au rouge. C'est ce pigment rouge qui existe en grande quantité chez le crapaud (Adduco).

CHAPITRE IV

Résumé et conclusions.

54. Il serait difficile de condenser en peu de lignes les faits assez nombreux que nous avons mis en évidence dans ce travail. Nous nous bornerons à en choisir quelques-uns, qui nous ont paru présenter un intérêt plus général pour les physiologistes.

Les voici :

I. — La bilirubine (acide bilirubinique, pigment jaune rouge, pigment fondamental) n'existe pas dans la bile à l'état de nature (1), en général, mais seulement à l'état de combinaison sodique, bilirubinate neutre. La bilirubine est, en effet, insoluble dans la bile naturelle ; elle est insoluble dans la *bile décolorée* de Plattner.

D'autre part, les bilirubinates alcalins, contrairement à ce qui a été dit (Staedeler), sont très peu solubles dans l'eau. Ils sont solubles dans les alcalis et les carbonates alcalins. La bile est, au point de vue du pigment fondamental, une solution de bilirubinate de sodium dans les carbonates alcalins.

II. — Le second pigment principal (pigment vert, acide biliverdinique) est à peu près dans le même cas. Cependant il est faiblement soluble dans la bile naturelle et dans la bile décolorée, neutre ou acide. Les biliverdinates al-

---

(1) Sauf peut-être et en très petite quantité dans quelques biles très pigmentées, telles que celle du porc.

calins, d'autre part, sont plus solubles dans l'eau que les bilirubinates. La biliverdine existe donc dans la bile verte, principalement à l'état de biliverdinate sodique dissous dans les carbonates et, accessoirement, à l'état de biliverdine dans les biles à réaction acide ou neutre.

III. — Les solutions de bilirubine n'absorbent pas l'oxygène de l'air pour passer à l'état de biliverdine. Cette absorption ne se produit qu'avec les bilirubinates qui deviennent biliverdinates.

IV. — La couleur des solutions du pigment fondamental dépend de la quantité du pigment : elle varie du rouge foncé (quantité de bilirubinate supérieure à 0 gr. 03 pour 100 cc. soit $3/10000^{es}$) au jaune paille de plus en plus clair. Les solutions neutralisées sont toujours jaune paille.

Une bile neutre ou acide ne peut être que jaune paille (ou verte).

V. — Il existe, dans la bile normale de la vésicule, deux autres pigments qui n'y avaient pas été signalés, pigments biliprasiniques. L'un est un pigment jaune brun (biliprasinate de soude). Il se distingue du précédent par les caractères suivants : 1° le courant de CO_2 le change en pigment vert (biliprasine) ; 2° de même l'acide acétique, et en général les acides (surtout en présence de l'alcool) ; 3° il n'est pas stable dans le vide ; il s'y décolore sous l'action de la lumière. Comme le bilirubinate, exposé à l'air et à la lumière, il verdit (biliverdinate).

C'est ce pigment biliprasinique qui donne à la bile du veau la couleur jaune. Il existe dans les autres biles jaunes.

VI. — Le second pigment biliprasinique est un pigment vert. C'est la biliprasine. Il se distingue de la biliverdine (biliverdinates) par les caractères suivants : 1° l'addition de quelques gouttes d'alcali le change en pigment jaune (biliprasinate) ; 2° l'action du vide le fait passer au jaune (bilirubinate). Il est légèrement soluble, particulièrement dans les liqueurs chargées de CO_2.

Il constitue le pigment ordinaire de la bile de veau, de la bile fraîche du bœuf, de la bile du lapin.

VII. — La relation de ces deux pigments biliprasiniques entre eux est très simple. Le pigment jaune est un sel alcalin du pigment vert. Ils passent de l'un à l'autre par l'action alternative des acides et des alcalis. Ainsi l'acide forme un pigment, le sel alcalin un autre (1); ceci est contraire à ce qui arrive pour la bilirubine et les bilirubinates, également jaunes, pour la biliverdine et les biliverdinates, également verts. Il résulte de là, contrairement à ce qui a été soutenu, que la bile jaune peut devenir bile verte sans oxydation. En second lieu, on comprend également le résultat paradoxal obtenu par les auteurs (Jolles) qui trouvaient très peu de biliverdine vraie dans la bile verte d'un bœuf. La biliverdine vraie est plus rare dans la bile que l'on ne pensait.

VIII. — La relation de ces deux pigments avec les pigments fondamentaux (bilirubine, biliverdine) est également très simple. Les pigments biliprasiniques sont intermédiaires entre les autres au point de vue de l'oxydation et de l'hydratation. Nous en donnons trois preuves : 1° l'oxydation ménagée de la bile par la solution alcoolique d'iode conduit au stade biliprasine avant le stade biliverdine ; 2° il en est de même pour l'oxydation par exposition prolongée à l'air et à la lumière, ainsi que par la

---

(1) On remarquera que les faits s'expliqueraient également bien en admettant l'existence de deux sels correspondant à des doses différentes d'alcali.

chaleur à l'air ; 3o l'action du vide dissocie lentement la biliprasine ; elle est sans effet sur le stade plus avancé, biliverdine.

IX. — Etudiés *in vitro* les pigments biliprasiniques forment également une étape sur la voie de transformation de la bilirubine en biliverdine. Celle-ci dépend de quatre facteurs. Le facteur indispensable, c'est l'oxygène ; les autres sont adjuvants, à savoir : la *réaction du milieu*, la *chaleur*, la *lumière*.

X. — Toutes choses égales d'ailleurs, l'alcalinité est défavorable à la formation des pigments biliprasiniques ; elle contribue à la stabilité du bilirubinate. La neutralité ou l'acidité favorisent l'apparition précoce du pigment vert (biliprasine).

XI. — La chaleur, si son action est prolongée et poussée assez loin (100°), altère les bilirubinates ; elle en diminue la solubilité et détermine un dépôt. Plus tard il se produit une décoloration.

La chaleur ménagée favorise extrêmement la transformation du bilirubinate en biliprasinate ; encore, mais moins bien, le passage du biliprasinate au biliverdinate.

XII. — La lumière favorise très notablement la transformation du bilirubinate en biliprasinate, et presque autant celle du biliprasinate en biliverdinate. Les différentes régions du spectre se comportent sensiblement de même.

On peut donner une forme saisissante à ces expériences sur la réaction du milieu, la chaleur, la lumière, en opposant des tubes témoins inaltérés, à des tubes qui, sous ces influences, changent de couleur.

XIII. — Il est possible que l'oxydation avec hydratation du pigment originel, fondamental, la bilirubine, commence dès la cellule hépatique et les canaux biliaires.

Dans tous les cas, elle se poursuit dans la vésicule. Or, les conditions artificielles de cette transformation (oxygène, lumière, chaleur) n'y sont pas réalisées. De là l'hypothèse d'un *agent* ou *condition* d'oxydation particuliers (oxydase hépatique).

XIV. — La bile fraîche décompose instantanément l'eau oxygénée. L'action est aussi énergique et aussi complète qu'avec la fibrine fraîche. La bile est un réactif aussi sensible de l'eau oxygénée que la fibrine.

XV. — Au contraire, la bile bouillie ne décompose pas l'eau oxygénée. Il y a dans la bile fraîche une substance que l'ébullition détruit et qui dégage l'oxygène de l'eau oxygénée.

XVI. — Il y a outre les variétés jaune et verte de la bile du veau, une variété rose, rouge, présentant des ressemblances avec la colohématine de Mac Munn.

XVII. — Les pigments de la bile de porc sont : la bilirubine, le bilirubinate et biliprasinate de soude.

XVIII. — La réaction de Gmelin réussit toujours avec les biles diluées ; elle manque de netteté avec les biles concentrées.

XIX. — La bile de chien contient du biliprasinate et du bilirubinate de sodium.

XX. — La bile de lapin contient le pigment biliprasine. On observe quelquefois la variété blanche, dite *bile décolorée*. — Il en est de même pour la bile de cobaye.

XXI. — La bile d'oiseau (poulet), de tortue, de grenouille ont également pour pigments la biliprasine et le biliprasinate.

DEUXIÈME PARTIE

LE FER HÉPATIQUE.

55. Objet et résultat de cette étude. — L'étude qui suit aura pour résultat le plus général d'établir que le foie des animaux (organe hépatique, hépato-pancréas), se comporte d'une façon spéciale relativement au fer de l'organisme. — C'est l'organe ferrugineux par excellence. Il fixe des quantités de fer considérables, par rapport à toutes les autres parties de l'économie. Cette teneur en fer est, dans une large mesure, indépendante des circonstances extérieures ; elle ne suit pas, en effet, rigoureusement les variations du milieu ambiant ; elle n'est pas influencée davantage par les vicissitudes du fer alimentaire (jeûne, hibernation). Elle dépend, au contraire, des conditions internes ou physiologiques qui la font varier entre des limites assez étendues.

Le fer hépatique n'est donc pas un élément accidentel, dont l'existence dans le foie serait la directe conséquence de sa présence banale, sous une forme quelconque, dans le milieu extérieur. Le foie se distingue des autres organes au point de vue du fer, et le fer se distingue des autres métaux au point de vue du foie.

Ces faits établissent l'existence d'un mécanisme physiologique qui exige un nom approprié et réclame une étude spéciale. C'est ce que nous avons appelé la *fonction martiale du foie*.

Elle est universelle, c'est-à-dire qu'elle existe aussi bien chez les vertébrés que chez les invertébrés, partout où se rencontre un organe (organe hépatique, hépato-pancréas) pouvant être assimilé au foie. Le travail que nous publions ici quoiqu'il ait exigé plusieurs centaines d'analyses ne peut avoir la prétention de résoudre toutes les questions relatives à cette fonction. Il en fixe seulement les traits essentiels.

Si l'on veut bien comprendre le sens et la portée des faits, c'est par les invertébrés qu'il faut commencer. C'est là qu'ils se présentent avec toute leur simplicité. Au contraire, chez les vertébrés, la fonction martiale universelle du foie est primée et défigurée par une autre fonction qui vient s'y superposer dans le même organe, à savoir la *fonction hématique*. C'est celle-ci qui s'offre, pour ainsi dire, à l'observateur et s'impose à lui. L'étude en a été poursuivie par un grand nombre de chimistes physiologistes ; nous dirons tout à l'heure avec quels résultats.

Au contraire, en ce qui concerne les invertébrés, les faits sont entièrement nouveaux. A notre connaissance, l'on n'avait pas essayé de déterminer quantitativement et par des méthodes rigoureuses la teneur en fer des différents organes, et l'on n'avait pu suivre les variations de ce métal dans le foie. D'ailleurs, les moyens dont dispose la chimie ne permettaient pas cette étude. Nous-mêmes nous n'avons pu l'aborder que grâce au procédé de Lapicque, que l'auteur a rendu usuel dans notre laboratoire de la Sorbonne.

56. Présence générale du fer dans les organismes. Ses faibles proportions. — Le fer est un *élément essentiel* de la constitution des organismes. Les constatations les plus diverses établissent la généralité de sa présence et sa nécessité. Cette généralité tient sans doute à ce que le fer est un élément intégrant des nucléines ferrugineuses qui existent dans un grand nombre de tissus, et particulièrement dans la chromatine du noyau cellulaire.

Le fer est un élément essentiel des organismes, et cependant il n'y intervient qu'en *faible proportion*. La raison en est simple.

Le fer, quoiqu'il soit léger parmi les métaux, est un corps *lourd par rapport à la matière organique*. Il pèse environ sept fois plus que l'eau. Sa densité varie autour de 7. Il paraît être à la limite des métaux susceptibles d'être introduits dans les composés vivants. Et déjà cette incorporation exige un artifice de structure moléculaire qui n'est pas sans inconvénient pour les échanges nutritifs : nous voulons dire la constitution d'édifices moléculaires énormes.

Au delà du fer, dont l'atome pèse 56 fois autant que celui de l'hydrogène (poids atomique 56), on ne trouve plus que le *cuivre* dont le poids atomique est 63 et qui n'entre que par exception dans les tissus organisés, par exemple dans le sang de beaucoup d'invertébrés : crustacés, homard, langouste ; mollusques : escargots, etc. Plus loin enfin, se trouve le *zinc*, avec un poids atomique de 65 qui lui interdit, sauf dans des cas tout à fait exceptionnels, l'accès du cycle vital.

La raison pour laquelle les corps lourds entraînent la constitution d'édifices moléculaires énormes se conçoit aisément. C'est que la pesanteur et, en général, les propriétés physiques des diverses parties des organismes doivent présenter une certaine uniformité. Il faut que les tissus aient à peu près la même densité et que celle-ci soit sensiblement identique à celle des liquides qui les baignent : le sang, la lymphe, c'est-à-dire très voisine de celle de l'eau. Un atome de fer introduit sans précaution dans un tel milieu y ferait l'effet d'un grain de plomb tombant dans une masse de gelée. Le moindre déplacement entraînerait des déformations et des altérations de structure irréparables. *L'uniformité de poids spécifique des parties organiques* protège l'édifice vivant contre des accidents de ce genre : c'est *un moyen de défense contre l'action perturbatrice de la pesanteur* et des forces mécaniques.

Il importe donc que le fer pesant soit intimement lié dans la même molécule à un très grand nombre d'éléments légers et comme noyé dans leur masse, de manière qu'il s'établisse vis-à-vis de la pesanteur une sorte d'état moyen et compensé. C'est ainsi que se trouvent constitués des édifices moléculaires à dimensions colossales comme l'hémoglobine (poids moléculaire 2303, avec 612 atomes de carbone, 214 d'azote, 235 d'oxygène, 2 de soufre pour un atome de fer).

Le fer entre ainsi dans la matière organique escorté d'un grand nombre d'éléments légers qui corrigent son excès de densité. Il est donc naturel que les atomes métalliques, si copieusement escortés, ne puissent trouver place qu'en petit nombre dans les corps vivants. La proportion de fer est petite dans les organismes. C'est par *dix-millièmes* qu'il faut le compter. Le corps de l'homme, au total, n'en contient environ que 1 partie pour 20.000 parties en poids. Le sang qui est le mieux pourvu à cet égard n'en renferme que 5 dix-millièmes ; 1 gramme de sang en contient 0 gr. 5 ; un homme du poids moyen de 70 kilogs n'en possède que 2 gr. 10 dans son sang. Un organe est riche en fer lorsqu'il en renferme comme le foie 1,5 dix-millièmes. Il faudra donc, quand on voudra se représenter les mutations de fer organique, se défaire du préjugé qu'un millième, qu'un dix-millième sont des proportions négligeables.

Il découle de là une conséquence importante. C'est à savoir que les aliments d'origine animale, végétale, minérale, contiennent des quantités *de fer comparables* à celles des tissus vivants. Le fer alimentaire est donc suffisant quant à son poids, sinon quant à sa forme, pour couvrir les variations et les oscillations normales ou pathologiques de la teneur en fer.

§ 1. — Méthode employée pour la détermination quantitative du fer.

Toutes nos déterminations du fer du foie et des tissus ont été exécutées au moyen du procédé de Lapicque (1), fondé sur la colorimétrie du sulfocyanate ferrique. Ce procédé est parfaitement adapté aux recherches biologiques à cause de sa commodité et de sa rapidité et surtout à cause des faibles quantités de matière qu'il exige et dont ne s'accommoderaient pas les méthodes par pesée ou les méthodes volumétriques ordinaires. Si l'on observe dans l'exécution les précautions prescrites, les résultats offrent toute sécurité. L'étude préliminaire critique et expérimentale faite par l'auteur, les comparaisons avec la méthode volumétrique de Margueritte ou la méthode par pesée ont mis en évidence la sûreté des déterminations et par conséquent la confiance qu'elles méritent.

Rappelons en quelques mots la manière d'opérer :

(1) L. LAPICQUE, *Observations et expériences sur les mutations du fer chez les vertébrés* (Thèse de la Faculté des sciences, Paris, 1897, p. 15).

57. Pesée de l'échantillon à analyser. — On prend
10 grammes de foie frais ou 2 grammes de poudre desséchée jusqu'à constance du poids. S'il s'agit d'un animal à sang rouge et ferrugineux (vertébrés) on aura eu soin d'hydrotomiser le tissu par un
lavage à l'eau salée physiologique afin d'enlever tout le sang et par
conséquent tout le fer du sang qui viendrait fausser la recherche.

Ces poids, 10 grammes de tissu frais exsangue et 2 grammes de
tissu sec, sont choisis (*a posteriori*) après tâtonnements, parce que
la quantité la plus convenable au dosage est de 1 milligramme de fer
et que c'est précisément celle qui est contenue en moyenne dans
10 grammes de foie frais.

S'il s'agit d'un autre tissu, l'expérience apprend qu'il faut en pré-
lever une quantité plus considérable, cinq à six fois supérieure, au
moins ; par exemple, 40 à 50 grammes de tissu frais, ou 8 à 10 grammes de tissu sec.

58. Préparation de la liqueur colorimétrique. —
Cette quantité de tissu est incinérée par un procédé particulier. La
calcination ne convient pas, parce qu'elle est longue et très délicate,
si l'on veut éviter de volatiliser le fer à l'état de chlorure ou de l'in-
solubiliser en calcinant trop fortement l'oxyde.

On détruit la matière organique par l'acide azotique, au sein d'une
petite quantité d'acide sulfurique, dans le récipient même où se fait
la pesée du tissu. Le tissu frais ou sec est donc introduit dans un
ballon de verre de Bohême de 125 centimètres cubes de capacité,
préalablement taré. On pèse par différence le tissu introduit. On
ajoute de l'acide sulfurique pur, bien exempt de fer,— environ 1 centimètre cube d'acide par gramme de tissu frais, c'est-à-dire dans le
cas présent 8 à 10 centimètres cubes —, et on laisse macérer à froid
pendant environ quatre heures.

Cette macération préalable n'est nécessaire ou simplement utile
que pour ralentir la violence de l'action et les projections ultérieures
qui pourraient se produire au moment où l'on chauffera.

Si l'on opère sur le tissu sec au lieu du tissu frais, on peut s'en
dispenser, et l'on procédera immédiatement aux opérations suivantes :

Dans une botte vitrée, d'où le fer est exclu ou dont la surface est protégée par une épaisse peinture, on place les ballons dans une position inclinée sur un support de cuivre au-dessus d'un bec de gaz ; on conduit la chauffe avec précaution, ralentissant à propos la flamme de manière à éviter les projections. La matière organique se dissout. A la fin de l'opération, on pousse la flamme de manière à éliminer l'eau et à amener l'acide sulfurique près de son point d'ébullition, ce dont on est averti par la disparition des épaisses vapeurs blanchâtres qui chargeaient l'atmosphère du ballon, maintenant transparente.

On écarte alors le ballon du feu : on le laisse refroidir un peu et on y fait tomber, au moyen d'un flacon compte-gouttes, de l'acide azotique pur exempt de fer et on agite. Le contenu du ballon qui était noirâtre et ses parois qui étaient mouchetées d'éclaboussures noirâtres se décolorent et passent au rouge clair, en même temps qu'il se dégage des vapeurs nitreuses.

On chauffe de nouveau et on recommence la même opération jusqu'à ce que les parois soient propres et la liqueur claire et légèrement colorée en jaune verdâtre. Il est bien entendu que l'on rajoute au besoin de l'acide sulfurique au cours de l'opération, s'il diminuait par trop par suite de la volatilisation. A la fin, au contraire, on poussera la chauffe s'il était en excès. Il faut s'arranger de manière que la quantité finale de liquide ne dépasse pas sensiblement 2 centimètres cubes. Le fer s'y trouve au fond sous l'apparence d'une fine poudre cristalline (sulfate ferrique), dont l'abondance fournit à première vue, à l'observateur exercé, une première idée de la richesse en fer du tissu. Avec beaucoup de précautions, on ajoute ensuite de l'eau, environ 20 centimètres cubes ; on fait bouillir jusqu'à dissolution complète du précipité cristallin. On laisse refroidir. On a alors une liqueur claire pâle, jaune verdâtre, prête pour la colorimétrie.

59. Solution d'analyse et solution type. — On a une petite fiole dont le long col porte deux traits de jauge correspondant à 20 centimètres cubes et 25 centimètres cubes. On verse dans cette fiole la liqueur précédente provenant de l'incinération azoto-sulfurique, et avec les rinçures successives d'eau distillée du ballon, on amène le volume au trait 20 centimètres cubes. On ajoute à cette liqueur d'analyse (jusqu'au trait 25 centimètres cubes) 5 centimètres cubes d'une solution à 10 0/0 de sulfocyanate d'ammoniaque. On agite. On obtient ainsi une solution rouge.

C'est cette *solution d'analyse* qui devra être comparée à la *solution type* dans le colorimètre Laurent. Le résultat de la comparaison fera connaître les richesses relatives des deux solutions, et comme on connaît celle de la solution type, on aura la valeur absolue de l'autre.

La *solution type* est obtenue en dissolvant à chaud 0 gr. 500 de fil d'archal bien décapé dans de l'eau distillée additionnée d'acide sulfurique pur, en excès, et d'acide azotique. L'ébullition est continuée pendant une demi-heure. Après refroidissement, on étend à 1 litre. 20 centimètres cubes de cette liqueur contiennent 1 centigramme de fer. Si l'on ajoute à cette liqueur 5 centimètres cubes de sulfocyanate d'ammoniaque à 10 0/0, on a une coloration d'un rouge très intense.

Ce n'est pas cette solution elle-même que l'on emploie. Celle-ci sert seulement de *solution-mère*. On en prend une portion que l'on étend au 10e, et qui, par conséquent, contient dans 20 centimètres cubes 1 milligramme de fer. Elle est la *véritable solution-type*.

On possède ainsi les deux solutions rouges à comparer : la solution d'analyse, la solution type. Sous même volume, la teinte est proportionnelle à la richesse en fer. La comparaison des teintes se fait dans le colorimètre Laurent avec des précautions que nous n'avons pas à décrire ici. Nous renvoyons au travail de M. Lapicque (p. 30 et suiv.).

60. Comparaison colorimétrique. — Pour éviter toute erreur relative aux différences d'éclairage, on ne compare pas directement les deux liqueurs entre elles. Mais on les compare toutes les deux à un même étalon de couleur fixe, placé d'un côté de l'appareil, tandis que les deux liqueurs sont successivement placées de l'autre côté, dans le godet. On fait mouvoir le manchon vide, c'est-à-dire varier l'épaisseur sous laquelle on examine la liqueur, jusqu'à ce que sa teinte soit exactement celle de l'étalon. On lit cette épaisseur e', au demi-millimètre près au moyen du vernier.

On lit de même l'épaisseur e correspondant à la solution type. La quantité de matière colorante, de substance active (c'est-à-dire la quantité de fer), sera la même dans l'épaisseur e de solution type et dans l'épaisseur e' de solution à analyser, si l'on admet, ce qui est la base du procédé colorimétrique, que l'égalité de teinte entraîne l'égalité de teneur en substance active.

Soit p la quantité pondérale de fer contenue dans l'unité de volume (1 litre) de la solution type ; p' la quantité dans l'unité de volume de la solution à analyser. Le cylindre du colorimètre de base B, de hauteur e, de volume $B \times e$ contiendra donc $B \times e \times p$ de fer, pour la solution type ; le même cylindre de base B, de hauteur e', contiendra $B \times e' \times p'$ pour la solution à analyser. A l'égalité de teinte ces deux quantités sont égales, $B \times e \times p = B \times e' \times p'$. — D'où $p' = p \, \dfrac{e}{e'}$. Pour avoir la quantité de fer contenue dans un volume donné de la solution à analyser, il faut multiplier la quantité contenue dans le même volume de solution type par le rapport colorimétrique $\dfrac{e}{e'}$. — Appliquons cela au volume 20 centimètres cubes. — Le poids de fer contenu dans 20 centimètres cubes de la liqueur à analyser (c'est précisément tout le fer de l'échantillon analysé qui pesait K grammes), c'est la quantité que l'on cherche x ; le poids de fer contenu dans 20 centimètres cubes de la solution type, c'est 1 milligramme comme nous l'avons vu. — On a donc :

x quantité de fer dans le poids K gr. de tissu $= \dfrac{e}{e'} \times 1$ milligr.

Le rapport colorimétrique exprime donc en milligrammes le poids de fer contenu dans l'échantillon à analyser qui pèse K grammes. — En divisant par K on aura le *nombre de milligrammes de fer dans 1 gramme de tissu.* — C'est le nombre $\dfrac{e}{e'} \dfrac{1}{K}$ qui exprime le résultat de chaque analyse. Par exemple, on traite un poids $K = 7$ gr. 50 de foie de bœuf. On trouve un rapport colorimétrique $\dfrac{38}{70} = 0{,}54$. La quantité de fer est $\dfrac{0{,}54}{7{,}5}$, c'est-à-dire 0 milligr. 07 par gramme de foie (1).

(1) Dans son étude préliminaire, Lapicque a fixé les conditions qui rendent la méthode rigoureuse et sensible. En principe, la relation qui lie la quantité de fer à l'intensité de la coloration n'est pas simple ; il n'y a point de proportionnalité. Le coefficient d'extinction photo métri-

§ 2. — Détermination du fer dans le foie et les tissus des invertébrés.

Nous avons recherché le fer chez les invertébrés où l'organe hépatique est assez bien délimité et assez distinct pour pouvoir être isolé. C'est le cas des mollusques et des crustacés en général. Le procédé que nous employons permet de se contenter à la rigueur d'une faible quantité de tissu, mais encore faut-il que cette quantité corresponde à un milligramme de fer ou à une fraction pas trop faible de milligramme. Dans le cas habituel où un seul foie ne satisfait pas à cette condition, on en rassemble plusieurs, de manière à arriver à une dizaine de grammes de tissu frais.

Il faut opérer sur le *tissu frais*, qui est le véritable facteur physiologique dont il importe, en définitive, de connaître la constitution, Mais on peut opérer aussi sur le *tissu sec*.

que varie avec les conditions du milieu : sels, quantité d'eau, nature et quantité de l'acide, influence de l'acide phosphorique ; mais il y a des conditions, et ce sont précisément celles du procédé, où la coloration est proportionnelle à la quantité de fer.

En second lieu, quant à la sensibilité (qui en principe est aussi très grossière dans les déterminations colorimétriques) elle est ici très bien réalisée. En effet, au lieu d'imposer à l'œil une détermination d'intensité, d'égalité d'intensité, ce à quoi l'œil est inhabile, on lui demande de déterminer une variation de teinte, une égalité de teinte, ce à quoi l'œil est très apte. Et précisément on opère avec une teinte sensible. La solution de sulfocyanate ferrique, à $1/1000^c$ de fer, que l'on emploie ici a, sous l'épaisseur de 4 centimètres, une teinte orangée qui vire immédiatement du côté du rouge ou du côté du jaune, suivant que la proportion de fer augmente ou diminue. L'étalon de verre type est précisément choisi de cette teinte orangée, et il faut amener par dilution convenable la liqueur à analyser à cette teinte, afin de sensibiliser au maximum la détermination.

La dessiccation se fait dans l'exsiccateur à acide sulfurique pendant vingt-quatre heures et se complète à l'étuve à 110°, mais le plus souvent la première opération suffit. Le tissu hépatique est, en général, plus compact, moins riche en eau que la plupart des autres. Chez ceux-ci le poids frais est d'environ 4,5 fois le poids sec ; pour le tissu hépatique il faut prendre, au lieu du coefficient 4.5, un coefficient plus faible : 3,8 pour l'escargot, 2.3 pour le homard où le foie contient des matières grasses.

L'opération sur le *tissu sec* n'a pas d'inconvénients dans la plupart des circonstances; elle offre des avantages dans quelques-unes. Elle est sans inconvénients dans le cas général où les tissus contiennent une quantité d'eau sensiblement constante, et, par conséquent, possèdent un coefficient d'hydratation fixe. C'est le fait des tissus de vertébrés dont le coefficient d'hydratation est de 5 (au dixième près) ; de même pour la plupart des tissus des invertébrés sur lesquels nous avons fait nos recherches ; leur coefficient est 4,5. Les opérations s'équivalent alors, à un facteur constant près.

Bien plus, cette détermination opérée sur le tissu sec offre des avantages et s'impose même pour certains tissus (sang, tissu cellulaire) où, chez les invertébrés à circulation lacunaire, la quantité des sucs intercellulaires peut subir des variations considérables. La quantité d'eau qui, de ce chef, peut être extraite par évaporation prolongée, à 100°, de ces parties, varie entre des limites assez étendues. Le coefficient d'absorption subit des variations notables. La teneur en fer de ce tissu à l'état frais perd alors sa signification ; au contraire, la teneur du poids sec conserve un sens très précis.

Il est donc avantageux de déterminer la quantité de fer

par rapport au poids sec. Les chiffres que nous donnons pour les mollusques et les crustacés ont été le plus souvent obtenus de cette façon. Quand on veut passer au poids frais, la chose est facile si l'on connaît le coefficient d'hydratation du tissu considéré. Il suffit de diviser par ce coefficient le chiffre trouvé pour la teneur en fer. Par exemple, le coefficient d'hydratation du foie d'escargot étant 3,8, si l'on trouve que 1 gramme de foie sec contient 0 milligr. 114 de fer, on conclura que 1 gramme de foie frais contient cette quantité divisée par 3,8, soit 0,030. La plupart de nos teneurs rapportées au poids frais de tissus sont ainsi calculées. Mais toujours nous avons, pour contrôle, opéré directement quelques déterminations expérimentales en partant du tissu frais.

Crustacés.

61. **Décapodes**. — L'examen a porté sur les écrevisses, langoustes, homards.

Homard. — D'abord, le sang. Dans 10 grammes d'hémolymphe de homard, nous n'avons pu déceler de fer en quantité sensible, tandis que le foie en contenait 0 mgr. 12 pour 1 gramme de tissu sec.

Le foie du homard est chargé d'une matière grasse qui empêche la dessiccation complète. Un foie frais pesant 63 grammes, pèse encore 27 grammes après dessiccation ; le coefficient d'absorption pour l'eau est 2.3. La teneur en fer est, comme nous venons de le dire, à ce moment, 0 mgr. 12 par gramme sec, soit 0 mgr. 04 pour un gramme de foie frais.

Le sang n'a que des traces ; de même l'ovaire. Le tissu le plus riche, après le foie, est le muscle ; il contient 0 mgr. 03 par gramme de tissu sec, c'est-à-dire encore 4 fois moins que le tissu hépatique.

Écrevisse. — Chez l'écrevisse, nous avons trouvé : fer, 0 mgr. 20 pour 1 gramme de foie sec. Le tissu hépatique se dessèche bien. Il ne contient pas sensiblement de matière huileuse, comme celui du homard. Le reste du corps analysé en bloc a donné 0 mgr. 05 de fer par gramme sec.

Ces chiffres sont des nombres moyens résumant plusieurs analyses. Le résultat peut s'exprimer ainsi :

Chez les crustacés (homard, langouste, écrevisse), l'organe hépatique est riche en fer, et il est seul à l'être.

Mollusques.

62. Céphalopodes. — Nous avons opéré sur le poulpe vulgaire, la seiche et le calmar.

Poulpe (Octopus vulgaris). — Nous avons fait une dizaine d'analyses de fer du foie (hépato-pancréas), chez des poulpes venant de Paimpol en Bretagne et d'autres venant d'Arcachon. L'opération portait soit sur le tissu frais directement, soit sur le tissu desséché préalablement. Les chiffres, dans ce dernier cas, ont été rapportés au tissu frais.

On trouve, en résumé, que la teneur en fer a varié de 0,07 à 0,12 pour 1000 avec une moyenne de 0,09, ou en d'autres termes que 1 gramme de tissu frais de foie de poulpe contient en moyenne 0 milligr. 09 de fer et qu'il peut en contenir jusqu'à 0 milligr. 12.

Si l'on compare ce chiffre à celui de quelques mammifères, on voit qu'il s'en rapproche d'assez près, surtout si l'on tient compte de la différence de la teneur en eau. La teneur moyenne du poids sec 0,52 en est encore plus près. L'écart ne dépasse pas les variations spécifiques que l'on observe chez les mammifères.

Seiche (Sepia officinalis) ; *Calmar* (Loligo). — Résultats analogues à ceux de la série précédente.

Nous avons comparé la teneur en fer du foie à la teneur en fer d'autres tissus (branchies), etc. Le plus souvent, le fer n'existe dans ceux-ci qu'à l'état de trace. Si l'on compare la quantité de fer du

7

foie à celle de l'ensemble du corps, on trouve pour le poids sec des chiffres qui varient dans le rapport de 0,52 à 0,02, c'est-à-dire que le foie contient à poids égal, 25 fois plus de fer que le reste de l'organisme.

C'est presque la même proportion relative que chez la plupart des mammifères où ces déterminations ont été faites.

En résumé, chez les céphalopodes que nous avons examinés, le foie s'est montré un organe riche en fer. Il contient vingt-cinq fois plus de fer à poids égal que le reste du corps. Par là il se rapproche du foie des mammifères. Il est d'ailleurs encore mieux spécialisé, au point de vue du fer, que le foie des mammifères, puisqu'il est le seul organe ferrugineux, tandis que, chez les mammifères, la rate est fréquemment plus riche que le foie.

63. **Lamellibranches**. — 1° *Huîtres*. — Nous avons examiné diverses variétés d'huîtres comestibles (30 analyses).

Les résultats ont été suffisamment concordants. Les variations spécifiques ne dépassent pas sensiblement les variations individuelles.

Nous avons trouvé en moyenne 0,040 de fer pour 1000 de poids frais avec des écarts extrêmes d'un tiers de part et d'autre du chiffre moyen (0,028-0,060).

Le foie s'est également montré ici le seul organe ferrugineux. Il contient, à poids égal, environ 5 ou 6 fois plus de fer que le reste de l'organisme.

Par exemple, on opère sur les huîtres portugaises. On sépare le foie du reste du corps. On réunit les foies d'un certain nombre d'huîtres d'un côté et les corps d'autre part. On dessèche. On analyse la poudre de foie sèche et la poudre de tissus. On trouve avec la première : teneur en fer pour 1 gramme de foie sec = 0,110 ; avec les tissus secs, 0,018.

2° *Coquilles Saint-Jacques* (Pecten Jacobæus).— Nous

avons opéré avec les pectens de la même façon que précédemment. Voici les résultats de 10 analyses : 1 gramme de foie sec contient en moyenne 0 mill. 40 : les écarts ont été peu considérables (0,27-0,47).

L'ensemble des tissus (reste du corps) haché et analysé a donné, à poids égal, quatre à cinq fois moins de fer que le foie (1). Dans une expérience nous avons trouvé pour 1 gramme de foie sec, 0 mill. 2 ; pour le reste du corps 0,04.

3° *Moules*. — Même chose chez les moules. La teneur est 0 mill. 16 pour 1 gramme de foie sec. Pour le même poids du corps, la quantité de fer est 4,7 fois moindre.

64. Gastéropodes. — Les analyses ont porté sur un grand nombre d'escargots (hélix) de diverses provenances et conditions diverses et sur des buccins. Les déterminations ont dépassé une cinquantaine. Les quantités de fer trouvé varient entre des limites assez fixes suivant les espèces.

Chez les BUCCINS le foie à l'état sec a donné 0 mill. 15 par gramme ; le reste du corps, 0 mill. 016. La proportion de fer du foie, à poids égal, est six fois plus grande que dans le reste du corps.

Les ESCARGOTS nous ont fourni l'occasion d'un grand nombre de déterminations.

On opère sur un lot d'escargots de même variété, même taille, récoltés au même lieu.

On extrait les foies, on en réunit plusieurs et l'on procède immédiatement à l'analyse si l'on se propose de déterminer la quantité de fer du poids frais. Ordinairement, nous desséchons le tissu et nous

____

(1) La poudre de foie du *pecten* est très hygrométrique. On est obligé de la conserver à l'exsiccateur.

analysons le poids sec. Les foies coupés en morceaux sont placés sur une cuvette plate au-dessus de l'acide sulfurique dans l'exsiccateur à vide. Au bout de vingt-quatre heures, le tissu est assez sec pour pouvoir être réduit en poudre. On achève la dessiccation à l'étuve à 110° ; la constance du poids s'obtient en quelques heures.

Cette poudre de foie n'est pas hygrométrique. On n'est pas obligé de la conserver à l'exsiccateur jusqu'au moment où on l'emploie.

Le foie des escargots assez divers sur lesquels nous avons opéré contient une proportion d'eau assez faible par comparaison avec les autres tissus. Toutes nos déterminations oscillent autour du chiffre 3,8 au dixième près. C'est-à-dire qu'il faut multiplier le poids sec par le facteur 3,8 pour avoir le poids frais. Le chiffre 3,8 représente le coefficient d'hydratation.

Pour les autres tissus, muscle, tube digestif, le coefficient est plus élevé et moins constant. On peut adopter pour eux le coefficient 4,5 pour représenter l'hydratation propre du tissu indépendamment de l'infiltration accidentelle.

Voici les résultats. Nous les groupons en deux séries suivant la andeur des nombres obtenus :

1re *série.* — Escargots de vigne. Escargots gris, comestibles, dits de Bourgogne (*H. Pomatia*).

On opère sur cinq lots.

La teneur du foie en fer oscille autour du chiffre moyen 0 milligr. 09 pour 1 gramme de poids sec. On peut prendre le chiffre 0 milligr. 1, qui est fréquent. Pour 1 gramme de poids frais, cette quantité est 0,02

Les autres tissus pris en bloc donnent pour 1 gramme de poids sec une quantité de fer égale à 0,021 ; soit pour le poids frais 0,004, c'est-à-dire en définitive 5 fois moins que le foie.

2° *série.* — Escargots de jardin à coquille jaune pâle (*H. hortensis, aspersa*).

Nous trouvons : foie, 0 milligr. 150 pour 1 de poids sec ; 0 milligr. 03 pour 1 de poids frais.

La teneur des autres tissus pour le poids sec est 0,024, soit entre 5 et 6 fois moindre que dans le foie.

En résumé, le foie des escargots contient constamment du fer. Les variations extrêmes sont exprimées par les chiffres 0.100 et 0.150 pour 1 gr. de foie sec. Il n'y a pas (dans nos conditions d'expérience) d'autre organe réellement riche en fer.

La quantité de fer du foie est entre 5 et 6 fois plus considérable que celle du corps tout entier, abstraction faite de la coquille.

Les escargots sur lesquels nous avons opéré étaient au nombre de plusieurs centaines. Ces grands nombres nous ont permis d'établir des catégories dans nos observations. De là quelques remarques intéressantes.

A. *Influence du régime, du jeûne, de l'hibernation, des circonstances extérieures.* — Nous avons examiné des animaux à différentes saisons : au printemps, à la fin de l'été et pendant l'hiver.

Ces derniers sont plongés dans le sommeil hibernal ; ils ont sécrété un épiphragme qui les isole dans leur coquille, ils sont soumis par conséquent à un jeûne absolu et prolongé ; leur vie est atténuée. En ce qui concerne le foie, nous y avons trouvé sensiblement la même quantité de fer, peut-être un peu plus grande qu'à l'automne, alors que ces animaux étaient encore à l'état actif. Il semble, d'après cela, que dans ce cas tout au moins la proportion du métal ne soit que dans une dépendance lointaine du jeûne et de l'alimentation.

L'expérience suivante peut être citée entre plusieurs autres :

a) Escargots pris dans la période d'hibernation (février 1898). — *Teneur du foie en fer* : 0 milligr. 34 pour 1 gramme de foie sec

b) Escargots du même lot, aussi identiques que possible aux précédents. — Ils sortent d'hibernation au 25 mars. On les nourrit de légumes (navets). Au 10 mai, après 45 jours d'alimentation, on analyse le foie quant au fer. On trouve 0 milligr. 26 de fer pour 1 gramme de foie sec.

On voit ici que, malgré la vie active et l'alimentation, la quantité de fer du foie n'a que peu varié par rapport à ce qu'elle était après une longue période de jeûne. Elle a diminué cependant. Ce même résultat s'est encore maintenu avec d'autres modes d'alimentation et dans des expériences même où nous avions mêlé artificiellement à l'aliment différents sels de fer (citrates, phosphates, tartrates) ; dans deux cas où l'animal avait paru supporter le régime nous avons trouvé dans le foie 0,39 et 0,31. Mais le plus souvent ces sels solubles étaient refusés ; l'animal ne mangeait plus et s'enfermait dans sa coquille.

En résumé, le fer alimentaire est peu absorbé quelle que soit la forme sous laquelle il se présente (sauf peut-être dans une de nos expériences où le fer était présenté sous forme de ferrine) ; et la quantité qui pénètre couvre sensiblement celle qui est éliminée par la bile, la sécrétion intestinale et le dépôt dans la coquille. Si l'on veut bien remarquer qu'en outre des expériences précédentes, nos observations ont porté sur des gastéropodes marins ou terrestres, c'est-à-dire dont l'habitat est en général très diversement riche en fer, on concluera que l'influence directe du milieu ambiant, quant à sa teneur en métal, est à peu près indifférente.

B. *Influence des conditions physiologiques. Vie active. Formation de la coquille.* — Au contraire, la quantité de fer hépatique varie avec certaines conditions intérieures physiologiques.

La formation de la coquille qui, d'ailleurs, est en rapport avec l'activité et l'accroissement de l'animal, fait varier la quantité du fer hépatique.

Nous avons constaté que la coquille contenait du fer en proportion notable.

Les coquilles isolées, lavées à l'eau, sont pulvérisées. La poudre est épuisée à l'alcool et à l'éther, puis séchée.

Dans une quantité donnée de cette poudre, on détermine le fer par la méthode colorimétrique. On a soin de séparer par filtration le dépôt calcique, avant de porter la liqueur dans le colorimètre. On trouve des chiffres tels que celui-ci : animal hibernant 0,07, coquille en acccroissement 0,09.

C. *Existence, dans le foie, d'une réserve de sels terreux (coquille).* — Chez les hélix à vie active, nous avons trouvé dans le foie une quantité de sels minéraux, de calcium en particulier, en rapport avec ceux qui existent dans la coquille.

Voici dans quelle circonstance et de quelle manière cette observation a été faite d'abord :

Expérience. — On traite, comme nous l'avons dit plus haut, le foie par l'acide sulfurique à chaud. A la fin de l'opération, il reste au fond du ballon, dans 1 à 2 centimètres cubes d'acide, des cristaux de sulfate ferrique, dont la quantité, appréciée à simple vue, fournit un premier renseignement sur la quantité de fer que fournira l'analyse colorimétrique.

Or, il nous arrivait, dans nos analyses de foie d'escargot, de nous tromper dans cette appréciation. Il y avait beaucoup de cristaux et cependant assez peu de fer. Cette poudre cristalline n'était pas, en effet, uniquement formée de sulfate ferrique. Elle était formée de sels minéraux (sulfates alcalino-terreux) qui ne se dissolvaient pas ensuite dans l'eau.

Nous avons déterminé le point de ces sulfates alcalino-terreux et le chiffre trouvé nous a donné une première idée de la quantité de matières minérales existant dans le foie.

Cette réserve de matières minérales s'est surtout montrée abondante pendant la période de vie active qui succède à l'hibernation. Nous aurons l'occasion de revenir, dans la IVe partie de cette étude [nᵒ 115] sur ce fait remarquable.

D. *Sécrétion hépatique. Sa teneur en fer.* — Enfin, la sécrétion du foie entraîne du fer. — Il n'est pas facile d'obtenir la sécrétion du foie chez l'escargot, non plus que chez la plupart des mollusques ou des crustacés, parce que cette sécrétion, trop peu abondante pour être recueillie, est d'ailleurs mêlée aux matières alimentaires. Mais l'escargot hibernant se prête à un artifice. Au-dessous de l'épiphragme sous lequel il s'est clos on trouve en général un anneau noirâtre correspondant à l'évacuation du contenu de l'intestin qui s'est opérée après l'inclusion. L'intestin lui-même, désormais vide, se remplit de la sécrétion (ralentie) du foie qui continue à s'y accumuler.

En ouvrant l'animal, on peut recueillir cette sécrétion hépatique. C'est une masse consistante d'une belle couleur orangée rouge. Ce pigment que Krukenberg a appelé *hélicorubine*, est, en réalité, comme nous l'indiquerons plus tard (n° 109), de l'*hématine réduite* ou *hémochromogène*.

Nous avons analysé cette sécrétion hépatique, au point de vue du fer. Elle est très riche. A poids *sec* égal, elle contient deux à trois fois plus de fer que le tissu hépatique lui-même.

Expérience. — On recueille les foies et les sécrétions hépatiques d'une dizaine d'escargots en hibernation depuis un mois et demi. On dessèche.

La poudre de foie sec contient par gramme, 0 mgr. 15 fer.

La poudre de sécrétion hépatique par gramme, 0 mgr. 45 fer, soit trois fois plus.

Il faut considérer que cette sécrétion de l'animal hibernant abandonne une partie de son eau reprise par l'absorption intestinale et qu'elle est, par conséquent, le *résultat de la concentration de la sécrétion normale*. En second lieu, la bile de l'escargot, comme toutes les liqueurs organiques des animaux, est environ 5 à 6 fois plus riche en eau que les tissus ; elle l'est ici sans doute au moins 6 fois plus que le foie, tissu peu hydraté.

On ne peut donc pas comparer les *états frais* de la bile et du foie, à moins de tenir compte de cette proportion.

Si à l'*état sec* la bile est 3 fois plus riche que le foie, en fer, à l'*état naturel*, l'avantage est évidemment au foie. La situation est sensiblement la même pour les vertèbres, comme nous le verrons plus loin. On pourra donc résumer les faits en disant que : *la bile de l'hélix contient une quantité de fer égale à celle de la bile des mammifères.*

E. *Analogies et différences entre la bile du mollusque (hélix) et celle des vertébrés.* — Il y a, cependant, une différence importante à signaler entre la bile du mollusque et celle du mammifère. Chez celui-ci, le fer biliaire n'est pas contenu dans le pigment, dans la matière colorante ; au contraire, chez l'escargot, le fer est lié au pigment, l'hémochromogène étant une matière très riche en fer. Mais, d'autre part, le pigment de l'escargot, en admettant qu'il soit réellement formé par l'hémochromogène, comme nous le dirons plus tard, c'est-à-dire par une substance qui est le noyau de l'hémoglobine, se trouve relié par là même au pigment biliaire du vertébré (bilirubine) qui, lui, est un dérivé de la même hémoglobine ; dérivé, à la vérité, non ferrugineux, tandis que le pigment de l'hélix est, au contraire, très ferrugineux. Les deux biles sont donc riches en fer, l'une et l'autre, mais pour d'autres raisons.

Ces différences ne doivent pas nous dissimuler les réelles analogies de la bile des vertébrés avec la sécrétion hépatique de l'hélix, quant à ces deux points essentiels ; le pigment et le fer. Or, ce pigment et ce fer, la théorie les fait dériver, chez le vertébré, du pigment sanguin ferrugineux (hémoglobine) ; et nous voyons ici que tout en se rattachant à cette même hémoglobine, ils sont entièrement indépendants de tout pigment sanguin ferrugineux, puisqu'il n'en existe pas de tel dans le sang pâle de ces mollusques où d'ailleurs, d'après les auteurs, le cuivre tient la place du fer.

Conséquence relative aux rapports du sang et du foie. — Ces constatations sont bien faites pour inspirer quelques doutes sur le caractère peut-être trop exclusif des théories qui règnent en physiologie relativement au *rôle hématolytique du foie* et à la *genèse purement hématique des pigments biliaires.* Chez les invertébrés, le *dépôt métallique du foie est indépendant du pigment métallique du sang* ; le foie contient du fer, la bile contient du fer, le pigment du sang n'en contient pas ; il renferme du cuivre.

Inversement, des constatations préliminaires nous permettent de dire que si le pigment du sang contient du cuivre, le foie n'en contient pas sensiblement.

§ 3. — Détermination du fer dans le foie et les tissus des vertébrés.

Chez les mammifères, la question du fer a donné lieu à un nombre considérable de recherches. Ces recherches sont relatives aux déterminations de ce métal dans les différents tissus, à l'absorption du fer alimentaire ou médicamenteux, à l'élimination du métal, à son rôle physiologique ou thérapeutique.

Nous rappellerons ici les seuls résultats nécessaires à notre étude.

65. Quantité de fer de différents tissus chez les mammifères. — Le procédé de Lapicque, aussi expéditif qu'il est exact, a permis à cet auteur de confirmer et souvent de reviser un grand nombre de déterminations du fer dans les différentes parties de l'organisme. Voici celles qu'il est utile de connaître :

Pour l'ensemble de l'économie la quantité de fer varie de 1 à 2/10.000 du poids sec : 1 gramme de sang contient 0 milligr. 5 de fer ; 1 gramme de foie contient 0 milligr. 15 de fer chez le chien adulte (écarts 0,10-0,25), nourri ou à jeun (15 jours de jeûne). — Chez l'animal à la naissance (0,16-0,50), chiffres élevés avec écart considérable.

Lapin, 1 gramme de foie frais débarrassé de sang contient 0,040 (0,035-0,045). — Lapin de 8 jours 0,1, chiffre élevé indiquant une réserve de fer dans le foie.

Bœuf, on trouve 0 milligr. 06 ; à la naissance 0,9. — Réserve de fer, tombant à 0,1 après un mois, à 3 mois 0,03.

Porc, 0,19. — *Hérisson*, 0 gr. 50 moyenne.

Chat adulte, 0,06 ; à la naissance 0,20 (0,12-0,32). Pas de réserve de fer dans le foie à la naissance.

Homme adulte (0,09-0,23) ; à la naissance 0,25. — Moins de fer chez la femme que chez l'homme, influence du sexe.

Organes vasculaires, analysés avec leur sang (0,9-0,10).

Rate, analysée avec le sang donne :

Chez l'homme adulte (0,06-0,29 ; 0,46-0,54), fer propre très variable ; chez le fœtus, moyenne 0,16 de fer propre. — *Chien*, à la naissance (0,11-0,30), la rate étant analysée avec son sang ; donc pas de fer propre à la naissance ; adultes (0,30-0,80, chiffres élevés mais très variables). — *Porcelets* de 5 à 8 semaines (0,09-0,20). Pas ou peu de fer propre.

66. Faits généraux. — Toutes ces déterminations du fer n'ont conduit jusqu'ici qu'à un petit nombre de conclusions générales. Elles se résument à ceci :

Le foie des mammifères à la naissance est riche en fer.

Ce phénomène constant et marqué chez certaines espèces (lapin) est irrégulier chez d'autres.

Le fer du foie diminue et passe par un minimum au moment de la croissance.

A l'état adulte, le fer du foie varie suivant les espèces et les individus. Les variations chez le même individu sont lentes ; elles sont indépendantes du jeûne et de l'alimentation.

La rate à la naissance est pauvre en fer ; le fer y augmente avec l'âge (L. Lapique, *loc. cit.*, p. 162). La circonstance qui paraît influer le plus sur le fer du foie, c'est la perte de sang (hémorrhagies profuses).

67. De l'absorption du fer alimentaire ou médicamenteux. Fer minéral et fer organique. — Nos connaissances sur le rôle biologique du fer chez les vertébrés ont eu leur point de départ dans la pratique médicale. Les médecins admettent comme une vérité empirique la vertu curative du fer dans l'anémie ; et ils ont supposé naturellement, que les préparations ferrugineuses administrées aux malades étaient absorbées.

Or, les physiologistes ont contesté que ces préparations fussent absorbées. Claude Bernard, le premier, avait appelé l'attention sur ce point qui a été l'objet d'un grand nombre de travaux. Les expériences de Hamburger (1880) semblent avoir tranché le débat. Le fer surajouté au régime régulier est tout entier rejeté avec les excreta, particulièrement ceux du tube digestif. Son addition à la ration n'a d'autre conséquence que d'enrichir l'excrétion. Les choses se passent donc comme si la paroi intestinale était imperméable aux préparations ferrugineuses du dehors au dedans.

Si, par l'artifice de l'injection, l'on tourne cet obstacle que la paroi de l'intestin oppose à la pénétration des sels de fer dans l'économie, la plus grande partie n'est pas utilisée davantage. Les composés ferrugineux qui ont été injectés sous la peau sont pris par la circulation et éliminés par la surface intestinale. Dans une expérience qui dura 9 jours on s'assura que sur 100 milligrammes de fer introduit sous la peau d'un chien à l'état de sel soluble, 97 environ se retrouvaient éliminés par le tube digestif.

En définitive, les choses se passent comme si la *paroi de l'intestin jouissait par rapport au fer (préparations minérales) d'une sorte de faculté d'orientation qui lui permettrait de diriger le composé ferrugineux du dedans au dehors (élimination) et s'opposerait au passage du dehors au dedans (absorption)*.

Ce n'est là bien entendu qu'un énoncé destiné à fixer dans la mémoire les résultats expérimentaux.

Restrictions. — Mais cet énoncé ne s'applique qu'aux composés salins, ferreux ou ferriques, à acide minéral ou organique. Ce n'est là qu'une première catégorie.

Il existe une seconde catégorie de composés du fer. Ce sont des combinaisons organiques dans lesquelles le fer est dissimulé. Il y est engagé d'une façon particulière qui le soustrait à l'action des réactifs chimiques, caractéristique des sels, au cyanoferrure de potassium et au sulfhydrate d'ammoniaque, agissant sur la solution ammoniacale. On oppose donc l'une à l'autre ces deux catégories, que l'on devrait appeler *fer salin* et *fer dissimulé*, mais que l'usage s'est introduit de désigner par les noms impropres pourtant de *fer minéral* et de *fer organique*.

G. Bunge a fait connaître quelques-uns de ces composés

organiques, à fer dissimulé. L'*hémoglobine* appartient à cette catégorie, mais nous n'en parlerons pas parce qu'elle ne se conserve pas à l'état d'hémoglobine dans le canal intestinal. Les *nucléo-albumines ferrugineuses* constituent la plus grande part de ce groupe. Elles existent, en général, dans le noyau des cellules, dans la chromatine nucléaire. Toutes les substances empruntées aux règnes animal ou végétal, tous les aliments, par conséquent, en renferment une petite proportion et celle-ci suffit parfaitement aux besoins des organismes.

Car, et c'est en cela que consiste la restriction qu'il faut apporter à l'énoncé trop absolu de tout à l'heure, ces *composés organiques à fer plus ou moins dissimulé* jouissent (Socin, 1891) de la propriété refusée aux composés ferrugineux salins, d'*être absorbables* (entre certaines limites). La paroi de l'intestin leur est perméable de dehors en dedans (absorption). Ces substances constituent le *fer alimentaire*. Elles sont peu abondantes dans le lait ; elles sont très abondantes, au contraire, dans le jaune d'œuf, d'où G. Bunge en a extrait la principale, l'*hématogène*.

L'*hématogène*, les *nucléo-albumines*, quelques autres substances voisines, mais déjà plus simples, voilà, en somme, ce qui constituerait l'*aliment fer* indispensable à la vie animale. C'est de là que serait tiré le fer des tissus et le fer du sang. Il n'y a pas à en douter. Le seul point encore obscur est relatif aux limites où doit s'arrêter cette classe de substances. Il semble, dès à présent, que G. Bunge l'ait trop restreinte et que l'on doive y introduire quelques composés organiques, intermédiaires aux deux catégories trop nettement tranchées qui constituent le *fer minéral* et le *fer organique* ; celles-ci étant caractérisées en ce que la première donne les réactions des sels de fer et que la seconde ne les donne pas. Il y a donc une troisième catégorie, intermédiaire aux précédentes, comprenant des corps qui donnent plus ou moins lentement les réactions de fer salin, et qui sont plus ou moins absorbables : cette catégorie comprend la *ferratine* de Marfori et Schmiedeberg, la *ferrine* de Dastre et Floresco,les protéosates et peptonates de fer. Ce sont des formes plus ou moins absorbables et utilisables, plus ou moins alimentaires du fer (1).

68. Excrétion du fer. — L'élimination du fer a été étudiée chez les mammifères. Cette sortie se fait par trois voies : urine, bile, fèces, sans compter les productions épidermiques caduques.

La sécrétion urinaire emporte constamment une très faible proportion de fer, à peine un dixième de milligramme par vingt-quatre heures.

La sécrétion biliaire en emporte une proportion plus forte : environ 2 milligr. 5 par 24 heures (Anselm, Dastre). Ces quantités sont à peu près indépendantes du régime.

La principale voie d'élimination, c'est la muqueuse intestinale. [Mayer (1858), Jacoby et Gottlieb (1891), Fr. Voit (1893).] C'est par là qu'est rejeté tout le fer inutile, tout le fer en excès. La quantité, d'ailleurs, dépend des circonstances.

Dans le cas ordinaire, ce charroi entre les organes et les portes de sortie, c'est-à-dire les trois émonctoires

---

(1) Les expériences d'alimentation ferrugineuse que nous avons réalisées chez l'escargot, nous ont montré (avec les restrictions indiquées plus haut) la fixation dans le foie de proportions appréciables de fer lorsque l'on s'adresse à ces composés ; et l'absence presque absolue d'absorption, en ce qui concerne les composés ferrugineux salins.(Voir n°64, A.)

du fer, est exécuté par la partie liquide du sang, le sérum ou le plasma. Mais, dans les cas où la décharge doit être plus forte, et où, par exemple, à la suite d'hémorrhagies internes ou de vastes destructions du sang, la quantité du fer usé s'élève considérablement, les globules blancs, les leucocytes interviennent dans ce transport (Samoïloff et Lipsky, 1893), en se chargeant du composé ferrugineux à l'état solide dans le foie, pour le déverser dans l'intestin. Ils forment ainsi une sorte de train auxiliaire.

69. Cycle biologique du fer. — Le fer n'est par conséquent pas un élément fixe, invariable. Il est, comme tous les éléments qu'utilise la matière vivante, soumis à la grande loi de mutation. Il entre et sort sans cesse. Il est puisé à l'extérieur par l'alimentation, sous la forme de *fer organique*; il est incorporé pour un temps à l'édifice vivant, foie, sang, rate, tissus divers ; puis il est rejeté hors de l'organisme par les trois voies d'émonction.

Ces considérations sont évidemment applicables aux invertébrés. Nous avons montré chez l'escargot l'élimination du fer par la bile qui en exporte autant que chez les mammifères. De plus, les glandes du test en éliminent aussi une proportion notable que nous avons retrouvée dans la coquille. Il est possible d'ailleurs qu'à cet égard, la coquille se comporte comme une sorte d'annexe du foie, car nous avons vu le fer augmenter dans la coquille dans des circonstances où il augmentait dans le foie (fin de l'été).

70. Fonction hématique du fer. — Jusqu'à ces derniers temps, on avait méconnu les mutations générales du fer ; on ne leur avait pas accordé la part qui leur revient.

Le fer ne semblait exister chez les vertébrés que *pour le sang* et *par le sang*, c'est-à-dire pour celui des tissus qui en contient la plus grande quantité et où son rôle est le plus apparent. Le reste était méconnu. On savait bien que l'organe hépatique et la rate elle-même en contiennent de grandes quantités ; mais, il semblait que ces organes ne fussent, en cette occurrence, que les dépositaires du sang. C'est surtout du fer du foie que l'on disait qu'il n'existe que pour le sang et par le sang, ou en d'autres mots que le *fer hépatique* est du fer *hématique*. Le fait est exact ; l'énoncé est vrai, mais il ne l'est qu'en partie.

Il se produit, effectivement, dans le foie une destruction des globules (hématolyse) : c'est là qu'ils achèvent ordinairement leur cycle, au moins en ce qui concerne leur matière rouge, leur hémoglobine, qui s'y détruit en effet. L'un des produits de la destruction, le fer, se dépose sur place ; ce dépôt se fait (pour une partie) sous une forme intermédiaire au fer organique et au fer salin, et participe des propriétés de ce dernier, comme nous le verrons plus tard (ferrine) ; le reste de la matière colorante passe dans la bile à l'état de bilirubine et lui donne sa couleur. Le dépôt de fer hépatique est d'ailleurs une réserve pour le sang lui-même ; c'est là qu'il semble puiser pour se reconstituer lorsqu'il a subi de grandes pertes. On constate en effet que la provision de fer diminue dans le foie à la suite des hémorrhagies profuses. Elle augmente au contraire, dans toutes les circonstances où il peut arriver au foie de la matière colorante sanguine (Quincke, 1880,

Glaeveke, 1883) ; lorsque, par exemple, un poison, un virus ou une substance étrangère ont détruit dans les vaisseaux mêmes une partie des globules sanguins ; ou lorsqu'il y a introduction artificielle de sang ou de pigment sanguin étranger.

Ces faits ne permettent pas de douter que le fer hépatique ne soit lié à l'évolution du sang, c'est-à-dire au fer sanguin, ou, en d'autres termes, que le fer du foie n'ait une origine et une fonction hématiques.

Mais ceci n'exprime qu'une partie de la vérité. Les recherches exposées ici nous en dévoilent le reste.

§ 4. — Fer hépatique. Fonction martiale du foie.
Sa nature.

71. Existence de la fonction hépatique du fer. — Les relations entre le fer du foie et l'évolution du sang rouge ne forment qu'une face du phénomène et ne représentent qu'une partie du rôle biologique du fer. L'étude des invertébrés l'a montré avec évidence. La plupart de ces animaux, les mollusques, les crustacés, n'ont pas en effet de sang rouge ; ils ont un sang lymphatique (hémolymphe) le plus souvent dépourvu de couleur et de fer.

Mais leur corps n'en est pas dépourvu pour cela : leur foie en est presque aussi abondamment chargé que celui des vertébrés. Les analyses ont montré que le foie du homard, de l'écrevisse, de la langouste étaient riches en fer et cela à l'exclusion des autres organes. Chez le poulpe vulgaire, la seiche, le calmar, le foie contient vingt-cinq fois plus de fer à poids égal que le reste du corps. La même chose est vraie, au degré près, chez les Lamellibranches et les Gastéropodes, chez l'huître, chez la coquille de

Saint-Jacques, chez l'escargot et chez le buccin. C'est un fait général. La faculté de fixation élective que le foie possède pour le fer, il ne la possède pas pour d'autres métaux, et par exemple pour le cuivre qui précisément remplace le fer dans le sang de quelques-uns de ces animaux, de telle sorte que le foie se distingue des autres organes au point de vue du fer et que le fer se distingue des autres métaux au point de vue du foie. Le métal du foie est indépendant du pigment du sang.

C'est donc une condition universelle du foie, chez tous les animaux, de fixer le fer, d'être l'organe ferrugineux par excellence. Le sang passe dès lors au second plan, puisqu'il n'est riche en fer que chez les seuls vertébrés, c'est-à-dire à peine dans l'une des deux moitiés du règne animal.

Et, là même, on aperçoit à des signes nombreux que le métal de l'organe hépatique n'est pas tout entier destiné au sang et ne vient pas tout entier de lui. Le fer alimentaire, par exemple, c'est-à-dire le fer pris directement au dehors, se fixe dans le foie. Chez l'enfant, il en est de même pour le fer emprunté à l'organisme maternel ; c'est dans l'organe hépatique qu'il s'accumule. L'enfant, au moment de la naissance, possède dans son foie une énorme réserve de fer, trois ou quatre fois plus, à poids égal, qu'il n'en aura à l'état adulte. Cette provision a sa raison d'être pendant la période de l'allaitement. Le lait ne renferme, en effet, qu'une quantité de fer organique tout à fait insuffisante pour les besoins de l'être qui se développe. Il est à cet égard un aliment incomplet, et c'est là un fait qui mérite d'être remarqué. Plus tard, quand l'alimentation lactée a fait place à l'alimentation de l'adulte, le foie revient et reste à son taux normal. Le fer du foie ne vient donc pas seulement des globules rouges.

Cette condition commune du foie dans les deux divisions du règne animal a une importance qui ne doit pas être méconnue. A cette analogie fondamentale viennent s'ajouter beaucoup d'analogies de détail : même indépendance, quant au fer, des contingences extérieures et des hasards de l'alimentation, même subordination aux conditions physiologiques, activité, croissance. Enfin, une dernière analogie résulte de la forme chimique sous laquelle le fer est ainsi engagé dans le foie pour une très grande part, ainsi qu'on le verra dans la dernière section de ce travail ; il y forme une sorte de protéosate de fer, *ferrine* ou *ferratine*, qui est le même composé chez les vertébrés et chez la plupart des invertébrés, depuis l'homme jusqu'aux mollusques et aux crustacés.

Ces faits achèvent donc de découvrir, sous la *fonction hématique du foie* spéciale aux vertébrés, la *fonction hépatique du fer* ou *fonction martiale* commune à tous les animaux. On ne peut douter que l'universalité du fer hépatique et l'identité de forme sous laquelle il se présente (pour la plus grande part) ne lui assigne une raison d'être universelle et une fonction commune. Nous sommes donc autorisés à conclure à l'existence générale de cette fonction. Il reste à connaître l'idée que l'on doit s'en former.

Les faits nous conduisent, en résumé, à affirmer l'existence de la fonction martiale sans nous révéler sa nature exacte. Pour aller plus loin nous devons recourir à l'hypothèse ; et la suivante nous paraît la mieux justifiée :

Le rôle du fer serait, en général, de favoriser les combustions organiques, et le rôle du fer hépatique, en particulier.

de favoriser les combustions qui ont leur siège dans le foie, organe où elles sont très actives.

Etablissons d'abord ce dernier point.

72. Activité des combustions hépatiques. — Nous pensons que, d'une façon générale, le foie est un des organes où les combustions organiques sont les plus intenses et les plus continues. L'un de nous a déjà insisté sur cette vue (1).

1° L'ensemble des réactions qui s'accomplissent dans le foie est exothermique. Il s'y produit un dégagement de chaleur considérable et continu ; c'est au sortir du foie que le sang est le plus chaud ; le foie est, suivant la pittoresque expression de Cl. Bernard, le calorifère de l'organisme ; il est l'organe dont la température est la plus élevée et dont les réactions thermogénétiques sont le plus intenses (2).

2° Au point de vue de la nature de ces réactions, nous pourrons laisser de côté les dédoublements, dont la part ne s'élèverait au maximum qu'à 1/7 (d'après A. Gautier lui-même, qui a appelé l'attention sur leur importance). On peut donc inférer de cette condition thermique du foie que les oxydations y sont prépondérantes.

On est confirmé dans cette conclusion par les observations qui suivent.

3° L'acide carbonique et l'eau sont les témoins d'oxydations poussées à leur terme ; l'urée, un résultat d'oxydation incomplète de l'albumine. Or, l'urée a son principal foyer de production dans le foie. L'acide carbonique y est

(1) A. Dastre, art. Bile du *Dictionnaire de physiologie* (11, § III).
(2) J. Lefèvre, Topographie thermique (*Archives de physiologie*), 1898, p. 505.

formé abondamment, car, en outre de l'acide carbonique qui passe dans le sang, il y en a en quantité considérable dans la bile, à l'état libre ou à l'état de carbonates (au total 56 cc. pour cent de bile d'après Pflüger). Une partie même de l'eau de la bile semble provenir des combustions hépatiques et non pas seulement de la simple filtration de celle qui est contenue dans le sang, car la pression dans les canaux peut dépasser la pression du sang afférent (veine porte).

4° Enfin, le défaut presque absolu d'oxygène dans la bile, qui est l'un des produits de l'activité hépatique (0 cc. 2 pour cent de bile), semble indiquer aussi que cette activité coïncide avec une consommation d'oxygène poussée très loin.

Ces arguments et d'autres encore justifient donc notre opinion sur l'activité d'oxydation du foie.

5° La présence du sang oxygéné est indispensable au fonctionnement du foie. Contrairement à ce qu'avaient cru plusieurs physiologistes, mais conformément à ce qu'avaient affirmé Conheim et Litten (1876) il a été démontré (1) que la suppression du sang oxygéné entraînait la nécrose du foie et la mort de l'animal ; et d'autre part que la diminution de cet apport faisait baisser le quotient de l'urée à l'azote total. Ceci établit la nécessité de la présence de l'oxygène.

6° La masse du foie est en rapport avec la production de chaleur dans l'organisme et spécialement avec l'absorption d'oxygène. Ch. Richet pèse le foie de différents animaux et il constate que la courbe des poids du foie suit

____

(1) Doyon et Dufour, Fonction uropoiétique du foie, *Archives de physiologie*, 1898, p. 531.

exactement celle de la surface du corps et celle de l'absorption d'oxygène.

7° Le tissu hépatique jouit d'un pouvoir d'oxydation considérable. Si l'on classe les tissus d'après l'activité de leur action décomposante par rapport à l'eau oxygénée, comme l'a fait W. Spitzer, le foie vient en tête après le sang et la rate, tandis que les muscles sont au septième rang. D'après la capacité d'oxydation de l'aldéhyde salicylique, le foie arrive au second rang (Abelous et Biarnès) ou même au premier (Salkowski). Ces faits ont conduit les auteurs à l'idée d'une oxydase hépatique.

8° Les transformations des pigments biliaires nous ont amené nous-mêmes à la supposition d'un agent oxydant passant du foie dans la bile. Enfin, G. Bertrand a montré le lien étroit qui unit quelques oxydases au manganèse. Nous supposons dans le foie le pouvoir oxydant lié au fer, voisin par ses propriétés, du manganèse.

73. Rôle du fer dans les combustions organiques, en dehors de l'être vivant. — Le rôle fondamental du fer dans les organismes, ce que l'on pourrait appeler sa fonction biologique, tient à la propriété chimique qu'il possède de favoriser les combustions, d'être un agent d'oxydation pour les matières organiques.

Cette action a précisément quelques-uns des caractères fondamentaux de celle des ferments solubles : à savoir la grandeur du résultat opposée à l'infime proportion de l'agent, avec la nécessité du temps pour l'accomplissement de l'opération.

Le fer se comporte précisément de cette manière dans la combustion des matières organiques. Celles-ci, aux températures ordinaires, sont incapables de fixer directement l'oxygène : elles ne pourraient brûler que si on les chauffait. Grâce à la présence du fer, elles vont pouvoir brûler sans qu'on les chauffe : elles subiront la combustion lente. Et comme le fer n'abandonne rien de sa substance dans l'opération, et que, simple intermédiaire, il ne fait que puiser l'oxygène dans l'inépuisable atmosphère pour l'offrir à la substance organique, on conçoit qu'il n'ait pas besoin d'être abondant pour remplir son office, à la condition de disposer d'un délai suffisant. Mais cette action qui ressemble tant à celle des ferments solubles, s'en distingue par cette avantageuse particularité, qu'elle n'offre pas de mystère, et que le mécanisme intime en est parfaitement connu.

Quelques éclaircissements sont ici nécessaires.

Le fer se combine facilement à l'oxygène, trop facilement pourrait-on dire, si l'on n'avait en vue que les usages auxquels nous l'appliquons. Il forme des oxydes. C'est à l'état de fer oxydé, qu'il existe dans la nature, et la métallurgie du fer ne tend pas à autre chose, qu'à revivifier ce fer brûlé, qu'à le dépouiller de son oxygène pour en tirer le métal. De ces oxydes nous n'en avons que deux à considérer, qui répondent à deux degrés d'oxygénation. Au moindre degré, c'est l'oxyde ferreux, le protoxyde de fer FeO qui forme l'hydrate ferreux $Fe(OH)^2$ ou FeO, H^2O, soluble dans les sels ammoniacaux dont il déplace l'ammoniaque : si la quantité d'oxygène augmente, c'est l'oxyde ferrique, le sesquioxyde de fer, encore appelé peroxyde, dont la rouille est une variété bien connue Fe^2O^3, $3H^2O$ ou $Fe^2(OH)^6$.

De ces deux oxydes, le premier, l'oxyde ferreux, est une base énergique qui s'unit fortement aux acides, même les plus faibles, comme l'acide carbonique par exemple, l'acidalbumine, l'acide nucléinique — pour former des sels, sels ferreux ou protosels, albuminates, nucléinates, carbonates ferreux. — L'oxyde ferrique au contraire Fe^2O^3, $3H^2O$ est une base faible qui s'unit lâchement aux acides même énergiques pour former des sels ferriques (persels, sels au maximum) et pas du tout aux acides faibles, comme l'acide carbonique qui existe dans l'atmosphère, ou comme l'acidalbumine, l'acide nucléinique, etc., qui existent dans les tissus des êtres vivants.

Ce sont ces derniers composés ferriques suroxygénés, qui fournissent aux matières organiques l'oxygène qui les brûle lentement ; ils redescendent eux-mêmes, par suite de cette opération, à l'état ferreux. En présence de la matière organique Fe^2O^3, $3H^2O$ redevient FeO,H^2O (1).

Les faits de ce genre sont trop universels pour n'avoir pas été observés très anciennement, mais ils n'ont été bien compris que vers le milieu de ce siècle. Les chimistes du temps, Liebig, Dumas, surtout Schœnbein, Wœhler, Steuhouse et d'autres constatèrent que l'oxyde ferrique exerçait, à la température ordinaire, une action comburante rapide sur un grand nombre de substances, l'herbe, la sciure de bois, la tourbe, le charbon, l'humus, la terre arable, les matières animales. L'exemple le plus vulgaire est celui de la destruction du linge par les taches de rouille : la substance de la fibre végétale est lentement brûlée par l'oxygène que lui cède l'oxyde.

Cette combustion lente de matière organique, réalisée

---

(1) L'oxyde ferreux FeO,H^2O, à l'air, fournit de l'oxyde ferreux hydraté $Fe^2O^3,3H^2O$ et du carbonate ferreux CO^3Fe. Celui-ci devient soluble dans l'eau chargée d'acide carbonique. Il fixe alors l'oxygène et se dédouble en $Fe^2O^3,3H^2O$ et CO^2 qui ne se combine pas à l'oxyde ferrique parce que celui-ci est une base trop faible.

à froid par le fer, ne représente qu'un des aspects de son rôle biologique. Pour que le tableau soit complet, il y faut une contre-partie. On aperçoit bien facilement que ce phénomène n'aurait ni portée ni conséquence, s'il se bornait à cette première action. Une fois épuisée la petite provision d'oxygène du sel de fer, et celui-ci redescendu au minimum d'oxydation, la source d'oxygène étant tarie, la combustion de la matière organique s'arrêterait. C'est une oxydation insignifiante qui aurait été réalisée, tandis que dans la réalité des choses c'est une oxydation indéfinie, sans limites, qui doit s'opérer et qui s'opère en effet.

Le phénomène présente une contre-partie. Le sel de fer qui est descendu au minimum d'oxydation, et devenu sel ferreux, ne peut pas rester à cet état en présence de l'oxygène de l'air ou des autres sources de ce gaz qui peuvent s'offrir à lui. Il tend à remonter par une marche inverse à sa condition antérieure de persel. On a su de tout temps que les composés ferreux absorbaient l'oxygène de l'air pour passer à l'état ferrique ; nous pourrions dire qu'on l'a vu, car cette transformation s'accompagne d'un changement de couleur caractéristique, du passage de la teinte vert pâle, qui est l'attribut des composés ferreux, à la nuance ocreuse ou rouge des composés ferriques.

On peut concevoir maintenant ce qui arrivera si le composé ferrugineux est mis alternativement en présence de la matière organique et de l'oxygène. Dans la première phase le fer cédera l'oxygène à la matière organique ; dans la seconde, il reprendra à l'atmosphère le comburant qu'il a cédé et se retrouvera à son point de départ. La même série d'opérations pourra recommencer une seconde fois, une troisième fois, indéfiniment. Elle se répétera aussi longtemps que se reproduiront ces alternatives de la mise en présence de la matière organique et de l'oxygène atmosphérique, c'est-à-dire, en définitive, du producteur et du consommateur, entre lesquels le fer lui-même ne remplira d'autre rôle que celui d'un honnête courtier.

Il n'est pas nécessaire de recourir à ces alternatives que nous avons simplement imaginées pour rendre plus facile l'analyse du phénomène. Le résultat sera le même, si les deux contractants, l'oxygène de l'air et la matière organique, restent continuellement en présence l'un de l'autre ; le jeu de bascule s'établira tout aussi bien, et la combustion de la matière organique se continuera indéfiniment jusqu'à épuisement. Le sel de fer remplira sans arrêt son rôle de transporteur d'oxygène.

74. Rôle du fer dans les combustions organiques chez l'être vivant. — La question est de savoir maintenant si les choses peuvent se passer au sein des organismes, au contact de la matière vivante comme nous venons de voir qu'elles ont lieu en dehors d'elle pour des matières mortes, « débris d'organismes, rentrés depuis sous l'empire des lois physiques ».

Lavoisier l'avait admis. Et depuis cette époque, on rangeait parmi les réactions physiologiques, *la combustion lente, la combustion à froid,* sans en connaître d'ailleurs d'exemples catégoriques.

L'illustre savant fit accepter l'idée que la chaleur animale et les énergies que le fonctionnement vital met en jeu tiraient leur origine des réactions chimiques de l'organisme, et que, d'autre part, les réactions productrices de chaleur, ou exothermiques comme l'on dit aujourd'hui, consistaient en de simples combustions, des *combustions lentes*, ne différant que par l'éclat de celle qui s'accomplit suivant une comparaison célèbre, « dans la lampe qui brûle et se consume. »

Le développement de la chimie a montré que c'était là une image trop simplifiée de la réalité des choses, et que la plupart de ces phénomènes, s'ils équivalent, en fin de compte, à une combustion, en diffèrent profondément par le mécanisme et le mode d'exécution.

Ce n'est pas à dire que tous soient dans ce cas. Il reste possible qu'il existe dans l'organisme un certain nombre de ces combustions lentes comme Lavoisier les entendait, et comme les combustions réalisées par l'intermédiaire du fer viennent de nous en fournir le modèle.

Ce type est-il réalisé vraiment dans l'organisme vivant ? C'est la question que Claude Bernard se posa ; il chercha tout au moins s'il se fait une oxydation de la matière vivante aux dépens de l'oxyde ferrique. Il répondit affirmativement par une expérience dont l'interprétation n'est pourtant pas aussi simple qu'on le pourrait croire : Claude Bernard injectait dans la veine jugulaire d'un animal un *sel ferrique*, et il constatait ce premier fait : à savoir que l'organisme n'utilisait pas le produit, précieux pourtant au regard de la médecine, — qui lui était offert — et en second lieu, qu'il le rejetait à l'état de *sel ferreux* après l'avoir dépouillé d'une partie de son oxygène.

Cette vérification partielle de la doctrine des combustions lentes ne pouvait prévaloir contre un échec retentissant que cette doctrine venait de subir dans le même temps. Il s'agit du sang, c'est-à-dire du tissu qui s'oxyde et se désoxyde continuellement et qui, en même temps, est riche en fer Or, là précisément, il fut établi que ces oxydations et désoxydations successives ne résultaient pas d'une oxydation et d'une désoxydation du fer, comme on aurait pu s'y attendre (1).

(1) Le fer est, en effet, dissimulé dans le sang sous une forme qui n'est pas comparable à la forme saline.

Menghini, en 1757, avait reconnu que le fer était localisé dans le sang, et spécialement dans la partie rouge de celui-ci. Cinquante ans plus tard, Vauquelin et Brande nièrent le fait. L'erreur de ces habiles expérimentateurs tenait à la supposition même qui avait dirigé leurs recherches. Ils avaient procédé avec le sang, comme ils l'eussent fait avec un composé minéral. Ils avaient recherché le fer sanguin, le fer hématique, comme s'il existait à l'état de sel ferreux ou ferrique, c'est-à-dire en appliquant les réactifs habituels au liquide lui-même, *à cru* pour ainsi parler, sans calcination préalable. L'insuccès de ces réactions signalétiques prouve seulement que le fer n'existe pas dans le sang sous la forme saline. Les recherches ultérieures établirent, en effet, qu'il existe dans la matière rouge des globules, à l'état de combinaison compliquée, où il échappe aux réactifs banals, dans laquelle il est dissimulé. C'est l'hémoglobine, qui a été bien connue surtout après les travaux de Hoppe-Seyler en 1864. Liebig, en 1847, se trompait encore sur sa véritable nature : il croyait que c'était une combinaison de sel de fer (protocarbonate) et de matière albuminoïde. Néanmoins le fait que la combinaison ferrugineuse du sang diffère totalement d'un sel ferreux ou ferrique, excluait l'idée qu'elle pût agir comme ceux-ci dans le mécanisme de la combustion lente.

Fait remarquable ! et qui montre bien que le fer conserve à travers toutes ses vicissitudes quelque trait de sa propriété fondamentale de favoriser l'action de l'oxygène sur les substances, cette combinaison si particulière et si différente des sels de fer se comporte presque comme eux.

Si elle n'est point par elle-même un comburant énergique, elle est, suivant l'expression de Liebig, « un transporteur d'oxygène », et c'est là une vue très exacte que l'avenir devait confirmer. Que ce transport ne se produise point par le mécanisme qu'imaginait Liebig, mais par un autre, le résultat général n'en est pas moins très analogue au point de vue de la physiologie du sang. La matière colorante du sang, convoyée par les globules, fixe de l'oxygène au contact de l'air pulmonaire et le déverse, à son passage dans les capillaires, sur les tissus. Le globule du sang ne leur apporte pas autre chose et ne leur distribue pas d'autre principe, contrairement à l'opinion qui avait prévalu jusqu'alors.

La théorie des *combustions lentes réalisées par le fer* n'était donc pas absolument contredite dans son principe, mais elle n'était pas entièrement confirmée dans son détail.

Cet échec malheureux détourna de tenter de nouveaux efforts. La théorie des *combustions lentes du type de celles qui sont réalisées par les sels de fer* n'était pas confirmée dans le meilleur exemple que l'on pût choisir.

On ne chercha pas si d'autres tissus, ou d'autres organes présentaient des conditions plus favorables. On n'en connaissait pas d'autres qui renfermassent du fer. Ou bien ceux qui en renfermaient comme le foie ou la rate, passaient pour le recevoir du sang sous la forme compliquée où il y existe, ou sous une forme analogue, également impropre au jeu de bascule des oxydations et désoxydations successives.

Jusqu'à ces dernières années on ne croyait donc pas qu'aucun organe réalisât les deux conditions très simples qui doivent se trouver réunies pour l'accomplissement d'une combustion lente par le fer, à savoir : des combinaisons, analogues à des sels ferreux et ferriques à acide faible ; en second lieu une source d'oxygène. Nos études récentes sont venues réformer cette opinion. Le foie est, en effet, un organe de ce genre. Il contient du fer, et ce fer y existe, pour une grande part, sous des formes qui sont précisément comparables aux composés ferreux et ferrique (ferrine hépatique) ; d'autre part il est baigné par le sang qui charrie à l'état de simple dissolution dans son plasma et à l'état de combinaison lâche dans ses globules l'oxygène comburant. Toutes les conditions nécessaires à la production de la combustion lente s'y trouvent rassemblées. On ne peut donc pas douter qu'elle s'y accomplisse. C'est là la fonction nouvelle qu'il faut assigner à l'organe hépatique. *La fonction martiale consiste donc en un mécanisme d'oxydation lente où le fer sert de véhicule à l'oxygène combiné,* conformément au type imaginé par Lavoisier pour la grande majorité des actions chimiques de l'organisme vivant.

75. Résumé. — Résultats généraux. — I.— Le plus général des résultats mis en lumière dans cette étude consiste en ce que le foie possède *une faculté de fixation élective* pour le fer :

1° Chez les crustacés et les mollusques que nous avons examinés, l'organe hépatique contient des quantités de fer de 4 à 25 fois plus considérables que le reste du corps. Il se distingue à cet égard des autres organes dont les uns ne retiennent pas sensiblement ce métal, et dont aucun ne le retient, en tout cas aussi abondamment.

2° Chez les céphalopodes (poulpe vulgaire, seiche, calmar) l'organe hépatique (hépato-pancréas) est riche en fer. Il contient vingt-cinq fois plus de fer, à poids égal, que le reste du corps. Il est mieux spécialisé à ce point de vue que le foie des vertébrés supérieurs, puisqu'il est le seul organe riche en fer, tandis que chez les mammifères le sang est le tissu ferrugineux par excellence et que la rate est fréquemment plus riche que le foie. Ici il n'y a pas de rate et le sang contient du cuivre ;

3° Chez les lamellibranches (huîtres, coquilles Saint-Jacques, moules), l'état de choses est analogue. Le foie contient constamment du fer. Il en contient cinq à six fois plus à poids égal et à l'état sec que le reste du corps, chez les huîtres ; quatre à cinq fois plus chez les pectens ; cinq fois chez les moules ;

4° Chez les gastéropodes, résultats analogues. Pas d'autre organe réellement riche en fer que le foie. La quantité de fer du foie est entre cinq et six fois plus considérable que celle du corps à poids égal ;

Cette faculté de fixation élective que le foie possède pour le fer, il ne la possède pas pour d'autres métaux au même degré. Par exemple il ne la manifeste pas normalement pour le cuivre. Le sang de beaucoup d'invertébrés, mollusques et crustacés, est riche en cuivre (hémocyanine) d'après tous les auteurs. Nous avons constaté que le tissu hépatique n'en contient pas sensiblement.

Le fer qui s'accumule dans le foie n'y est pas cependant immobilisé. Il se dépense et se renouvelle. Il se dépense par la sécrétion biliaire, qui l'entraîne au dehors et par la constitution de la coquille qui en contient des quantités notables, comme nous l'avons vu chez l'escargot. Il se renouvelle évidemment par l'apport sanguin.

Il en résulte que le foie prend au sang du mollusque l'infime quantité de fer que celui-ci charrie, — quantité qui est inappréciable en effet dans les conditions normales, et qui ne devient appréciable dans le foie que par son accumulation même, — et qu'au contraire le même foie refuse le cuivre qui existe dans ce sang en quantité notable.

On voit par là, comme nous l'avons dit, que le foie se distingue des autres organes au point de vue du fer, comme le fer se distingue des autres métaux au point de vue du foie.

La signification de nos analyses est donc celle-ci : Le tissu hépatique a la faculté de fixer le fer circulant beaucoup plus énergiquement que les autres tissus. Il possède à un degré plus éminent une propriété universelle, celle de fixer le fer, comme il possède déjà celle de former le glycogène. La cellule hépatique se distingue des autres éléments cellulaires par le degré de son avidité pour les composés ferrugineux charriés normalement par le sang.

Les raisons de cette avidité nous échappent. C'est peut-être que la cellule hépatique contient plus abondamment que d'autres tissus une substance (nucléo-albumine, combinaison protéosique, etc.) capable de fixer les composés ferrugineux.

II. — Le second résultat, c'est que l'abondance du fer dans le foie n'est pas en rapport rigoureux avec son abondance dans le milieu externe ou dans le milieu alimentaire.

Cela tient à l'une des deux causes suivantes : incapacité absorbante de l'intestin, ou du foie. Dans le premier cas, les composés banals du fer (sels de fer) ne sont pas absorbés, quoique solubles, par la muqueuse intestinale et celle-ci ne livre passage qu'à des composés particuliers et rares, seuls assimilables (fer organique) ; ce qui est le cas pour les mammifères. Dans la seconde alternative, c'est le foie lui-même et les tissus qui ne prennent au sang que ces composés rares, tandis qu'ils y laissent les composés banals (sels de fer).

L'expérience et l'analogie nous amènent à choisir la première alternative. La muqueuse intestinale, rebelle à l'absorption des composés banals du fer, pour lesquels elle forme une barrière à peu près infranchissable serait au contraire pénétrable à certains composés rares dans le milieu alimentaire et à peu près absents du milieu ambiant. C'est par suite de cette circonstance que le fer hépatique serait indépendant dans une très large mesure des contingences extérieures.

III. — Après avoir participé à la constitution de l'organe, le fer fixé provisoirement est rejeté hors de l'organisme par l'*excrétion biliaire* ou *cochléaire*. Le fer hépatique passe dans la sécrétion de foie comme nous l'avons montré, ou dans la coquille.

Chez l'escargot en hibernation, on peut obtenir la sécrétion hépatique pure. On s'assure qu'elle contient à l'état sec du fer en proportion au moins égale à celle de la bile, chez les mammifères. Elle contient de plus un pigment remarquable, l'*hémochromogène* identique à l'hématine réduite des mammifères (*hélicorubine*, de Krukenberg).

La conséquence c'est que le foie possède *une fonction martiale*.

IV. — Cette fonction n'est pas relative à l'*Hématolyse*. *Le métal du foie est indépendant du pigment métallique du sang*.

Le pigment biliaire n'a pas son origine dans le pigment sang.

Cette conclusion rigoureuse chez les invertébrés n'est sans doute que relative chez les vertébrés, c'est-à-dire que chez eux, à la *fonction martiale générale* du foie, vient se superposer la *fonction hématolytique*.

Les faits s'arrêtent ici. Nous savons que la fonction existe ; nous savons ce qu'elle n'est pas. Quant à ce qu'elle est, nous avons rendu vraisemblable cette *hypothèse*, à savoir :

V. — La *fonction martiale* du foie serait une *fonction d'oxydation* ; elle consiste en une combustion lente où le fer joue le rôle de transporteur d'oxygène.

TROISIÈME PARTIE

PIGMENTS DU FOIE EN GÉNÉRAL

CHAPITRE PREMIER

Pigments hépatiques en général.

76. **Caractère de coloration du foie**. — L'organe hépatique (foie, hépato-pancréas), envisagé dans l'ensemble du règne animal, présente des variétés considérables au point de vue anatomique. Chez tous les animaux pourtant il offre le caractère d'être *coloré*, *pigmenté* ; et sa couleur, partout au moins où l'organe est bien caractérisé, c'est-à-dire chez les vertébrés, les mollusques et les crustacés est *jaune-brun*, ou exceptionnellement *vert-brun*. Cependant, chez les très jeunes mammifères le foie peut être très peu coloré (voir n° 84, note 1) et il fonce de plus en plus avec l'âge.

Nous appelons *pigments hépatiques*, les matières qui colorent ainsi le tissu du foie. La sécrétion de l'organe hépatique est, elle aussi, habituellement colorée ; mais il n'est pas certain qu'elle le soit toujours. Quelques auteurs même (Bunge, par exemple) admettent à tort qu'elle ne l'est jamais chez les invertébrés. On peut opposer la constance des *pigments hépatiques* à l'inconstance relative des *pigments secrétoires*. Ces derniers peuvent être appelés *pigments biliaires*, si nous convenons de désigner dans tous les cas, par le nom de *bile*, la sécrétion extérieure du foie.

77. Bile et sécrétion hépatique externe. — Dans la réalité, ces deux mots *bile* et *sécrétion hépatique* ne sont pleinement synonymes qu'autant qu'il s'agit des vertébrés. C'est chez eux seulement que la sécrétion du foie renferme des *acides biliaires*, considérés comme élément caractéristique de la bile.

A notre connaissance, on n'a jamais rencontré d'*acides biliaires* chez les invertébrés dont on a pu se procurer la sécrétion hépatique. Jamais cette secrétion ne présente pas à la fois les deux caractères des acides biliaires, à savoir : le goût amer et la réaction de Pettenkofer. Les biles d'écrevisse et de crabe, à la vérité, sont plus ou moins amères ; mais elles ne donnent pas la réaction de Pettenkofer. Les essais de Krukenberg, de Mac-Munn et les nôtres concordent à cet égard.

Jusqu'à nouvel ordre, les acides biliaires constituent donc un élément de la sécrétion du foie, spécial aux vertébrés ; ils en sont un caractère distinctif. Mais il est clair que, si l'on veut réserver le nom de *bile* aux seules sécrétions qui le possèdent, on rompra gratuitement les analogies entre les vertébrés et les invertébrés, analogies dont nous avons montré la légitimité dans nos recherches sur le fer hépatique, et que ce travail même aura pour résultat de mettre encore en lumière. Il faut, pour les respecter, faire passer du premier plan au second les acides biliaires et employer les mêmes mots *bile* et *pigments biliaires* pour désigner chez tous les animaux le liquide excrété par le foie et les pigments qui le colorent.

78. — Existence plus ou moins générale des pigments biliaires. — Une opinion commune veut que la bile soit incolore chez les invertébrés (mollusques, arthropodes), et en général, chez tous les animaux dont le sang ne contient pas d'hémoglobine (amphioxus). Cette opinion est la conséquence de la théorie qui fait dériver la matière colorante de la bile de celle du sang. G. Bunge, comme nous l'avons déjà fait remarquer, a donné une expression très catégorique à cette manière de voir. Mais elle est pourtant contraire aux faits. On connaît des exemples très nets de *bile colorée* chez les invertébrés ; le plus commun est celui de l'escargot. Mais il y en a beaucoup d'autres chez les mollusques et les crustacés, sans parler ici des vers comme les *Siphonostoma, Spirographis,* etc. dont les diverticules hépato-entériques sont remplis d'un liquide nettement teinté. Ce qui fait que la teinte échappe souvent à l'observateur, c'est que cette sécrétion est peu abondante et d'ailleurs masquée par les aliments qui remplissent le tube digestif. Si l'on pouvait recueillir la sécrétion hépatique en plus grande abondance et mieux isolée, on la trouverait généralement colorée.

79. — Rapport des pigments hépatiques avec les pigments biliaires. — Cette question, qui se pose au début de ce travail, ne peut être résolue qu'à la fin et comme une de ses conséquences. Nous en parlons donc ici par anticipation.

Les pigments du tissu hépatique ne sont pas nécessairement dépendants de ceux qui colorent la bile. Chez les vertébrés, par exemple, les pigments biliaires sont bien connus (1) ; l'étude présente noùs fera connaître les pigments hépatiques. Nous verrons que ces deux espèces de pigments sont différentes ; ils n'ont en commun qu'un lien bien fragile, c'est le *caractère spectroscopique* d'offrir un *spectre continu*.

Cette indépendance repose au moins en partie sur une particularité qui mérite d'être mise en lumière. C'est à savoir que la sécrétion du foie ne peut être obtenue par macération de l'organe. Il y a chez les vertébrés des glandes dont la macération reproduit les traits essentiels de la sécrétion, telles le pancréas, les glandes gastriques, etc. Le foie et le rein ne sont pas de ce nombre. Leurs macérations ne donnent ni la bile, ni l'urine. Mais ces macérations (sous certains artifices) fournissent précisément les pigments hépatiques. Ces pigments sont ici sans rapport avec les pigments biliaires par le fait même que la macération est sans rapport avec la bile.

Chez les invertébrés, au contraire, nous verrons que la macération du foie (hépato-pancréas en tubes) fournit une liqueur très analogue à la bile ; aussi les pigments hépatiques seront-ils (partiellement, tout au moins) identiques aux pigments biliaires. C'est cette analogie intime de la macération avec la sécrétion même qu'ont admise implicitement et peut-être d'une façon trop absolue les quelques observateurs qui ont, avant nous, traité de la bile chez les invertébrés, à savoir Sorby, Krukenberg et Mac-Munn.

Nous avons entrepris une étude systématique des pig-

(1) Nous avons étudié précédemment les *pigments de la bile* et signalé quelques particularités nouvelles qui rendent compte de la variété des teintes que l'on y observe (voir 1re partie).

ments hépatiques chez les vertébrés et chez les invertébrés. Cette étude comporte les points suivants : préparation et isolement relatif de ces pigments, leurs propriétés spectroscopiques et autres, leur teneur en fer, leurs rapports avec les pigments sanguins et avec les pigments biliaires.

CHAPITRE II

Pigments hépatiques des vertébrés.

§ 1. — Pigments hépatiques chez les mammifères.

Les pigments hépatiques chez les vertébrés ont été étudiés au point de vue histologique ou microchimique (1)
par les anatomistes. Ils ont signalé ces pigments dans
la cellule du foie, sous deux états : à l'état diffus et surtout à l'état de granulations protoplasmiques, donnant
plus ou moins exactement les réactions microchimiques
du fer faiblement lié (réaction empirique de l'hématoxy-
line). Dans le noyau (chromatine) le fer serait engagé
sous une autre forme.

Ces notions, intéressantes à beaucoup d'égards, sont
évidemment insuffisantes. Nous avons donc cherché à
obtenir directement les matières colorantes du foie chez
les vertébrés. Nous avons pris d'abord comme type le
chien ; puis nous avons étendu ensuite les résultats en
étudiant comparativement le lézard, la tortue, la grenouille et les poissons.

A. — Méthodes pour l'isolement des pigments.

80. **Lavage du foie**. — Le foie des vertébrés adultes

---

(1) A. B. Macallum, A new method of distinguishing between organic
and inorganic compounds of iron (*The Journal of Physiology*, t. XXII,
p. 92).

présente une teinte variant du rouge brun au rouge acajou. Cette teinte résulte d'un mélange de la couleur propre du tissu hépatique avec la couleur du sang qui l'imprègne.

La première chose à faire est de se débarrasser du sang par une opération souvent pratiquée en physiologie dans des buts très divers : *le lavage du foie.*

Cette opération consiste à faire passer dans les vaisseaux du foie la solution physiologique de NaCl (7 gr., 9 gr. pour 1000) de manière à entraîner tout le sang qui gorgeait les vaisseaux.

La pratique est bien connue : On tue l'animal (chien) ; on ouvre rapidement l'abdomen et l'on place dans le bout hépatique de la veine porte la canule terminale d'un tube allant au flacon de Mariotte plein de la solution physiologique. La hauteur de celui-ci est réglée de manière que l'écoulement se fasse sous une pression de 50 centimètres du liquide. La solution introduite s'écoule par une veine préparée à cet effet, veine cave, veine axillaire, veine jugulaire. On règle le lavage de manière qu'il se prolonge assez longtemps pour être complet, soit une heure, avec une quantité de solution employée d'environ 15 à 20 litres.

A. mesure que le sang disparaît, la couleur de l'organe s'éclaircit et le tissu prend une teinte fauve, quelquefois très claire, surtout chez les jeunes animaux.

On laisse revenir sur lui-même le foie distendu par l'excès de liquide ; on l'y aide au besoin en exerçant des pressions ménagées.

La couleur du tissu hépatique est due à des matières qui imprègnent et teignent les éléments anatomiques. Ce sont ces matières colorantes, que nous nommons *pigments hépatiques* et que nous devons essayer d'isoler.

Disons immédiatement que ces pigments sont au nombre de deux, différemment solubles ; ou qu'ils sont tout au moins incorporés à deux ordres de substances qui se distinguent par leur solubilité. Une des catégories de pigments est soluble dans l'eau ; l'autre est soluble dans le chloroforme et l'alcool.

Le *pigment aqueux* ne peut pas être obtenu directement; moins encore le *pigment chloroformique*. Le tissu hépatique frais, même très divisé, n'abandonne à peu près rien à l'eau pure ; il n'abandonne rien à l'alcool. Il faut donc user d'un artifice.

81. Digestion papaïnique ; digestion gastrique. — La matière colorante est incorporée au contenu cellulaire. Il faudrait donc, en quelque sorte, détruire isolément chaque cellule pour en extraire le pigment cherché.

Ce résultat est obtenu par un moyen détourné qui consiste à soumettre le tissu hépatique à la digestion ; celle-ci constitue un moyen de destruction extrêmement pénétrant et relativement peu altérant. Nous avons eu recours à la digestion papaïnique qui, s'exécutant en milieu *neutre*, dénature le moins possible la substance que l'on cherche à obtenir.

Nous avons employé aussi la digestion avec le suc gastrique artificiel, et comparé les résultats.

Digestion papaïnique du tissu hépatique. — Nous employons la papaïne de Billaut-Billaudot en solution à 1 0/0. On met dans un matras de 150 centimètres cubes environ, 50 centimètres cubes de solution papaïnique à 1 0/0 et 10 grammes de tissu hépatique frais.

Le matras est porté à l'étuve à 37°. On prépare plusieurs matras de ce genre.

Après que la digestion est terminée, on constate l'existence d'une liqueur colorée en jaune rouge et un dépôt.

L'intensité de la couleur rouge de la liqueur dépend de sa concentration ; d'abord jaune, elle passe à l'orangé et au rouge par évaporation. Le dépôt est gris cendré ; par dessiccation dans le vide, il devient brun rouge. Il résulte de là que dans la destruction de la cellule, il y a eu mise en liberté d'un *pigment soluble* dans le milieu neutre de la digestion (peptones, sucre, etc.) et, d'autre part, un *pigment insoluble* est resté attaché au résidu solide de la digestion.

Ce résidu est recueilli, séché et traité par le chloroforme. Celui-ci prend une couleur jaune qui, par concentration, passe à l'orangé, puis au rouge.

Il y a maintenant deux questions préliminaires à se poser :

1° Les deux pigments que nous venons de préparer, *pigment aqueux* et *pigment chloroformique*, sont-ils distincts?

2° Ces deux pigments préexistent-ils réellement dans le tissu hépatique ou bien sont-ils le produit de l'altération digestive déterminée par la papaïne?

82. Distinction des deux pigments, aqueux et chloroformique. — Les deux pigments sont distincts.

1° A la vérité, leurs spectres d'absorption sont très analogues ; mais aussi n'ont-ils rien de caractéristique. Comme les spectres des pigments biliaires (bilirubine, biliverdine), ils n'offrent point de bandes isolées, mais seulement deux plages sombres vers les deux extrémités rouge et violette, particulièrement vers le rouge (Voir Planche. Spectre IV).

2° Mais ils se distinguent (eux ou leurs supports) par leur solubilité :

Le pigment aqueux est insoluble dans le chloroforme et l'alcool ; le pigment soluble dans le chloroforme et l'alcool est insoluble dans l'eau.

83. Digestion gastrique. — Nous avons eu recours

également à la digestion gastrique artificielle par comparaison avec la digestion papaïnique. Nous verrons tout à l'heure les conclusions auxquelles conduit cette comparaison.

Nous citerons d'abord une expérience complète :

Expérience. — *Chien* de 10 kilog.

L'animal est sacrifié par hémorrhagie. On pratique le lavage du foie.

Le foie ayant été bien débarrassé de son sang par le lavage, on en prélève des échantillons aussi identiques que possible de 10 grammes chacun, destinés à être soumis à des digestions gastrique et papaïnique plus ou moins prolongées.

    I. Foie frais haché . . . . 10 gr.
       Papaïne sol. 1 0/0 . . . . 50 cc.
    II. Foie frais haché . . . . 10 gr.
       Suc gastrique artificiel (porc) . . . . . 50 cc.

Ce premier couple est laissé 5 heures à l'étuve à 37°.

Deux autres ballons semblables III et IV sont additionnés de 2 gouttes de la solution alcoolique de thymol à 1 0/0 et restent 24 heures à l'étuve.

Deux autres ballons V et VI, semblables aux précédents, sont laissés pendant 48 heures à l'étuve.

Quand le terme de la digestion (5 h. ; 24 h. ; 48 h.) est arrivé, on retire les ballons et l'on sépare, par filtration, la liqueur du résidu insoluble ; dans le cas de digestion gastrique, on neutralise la liqueur ; le résidu est lavé, puis séché d'abord dans le vide sec et enfin à 105° jusqu'à constance du poids.

Les 10 grammes de foie frais correspondent en poids sec à 2 gr. 120 (rapport 4.7). Ce chiffre a été déterminé sur un échantillon de 10 grammes, prélevé sur la même masse que les lots précédents et séché à l'étuve.

— Après 5 heures de digestion on retire les ballons I et II et on filtre.

Le BALLON I (digestion papaïnique) a une couleur jaune orangé clair. Le résidu (4 gr. 435) de couleur brun cendré est mis à dessécher à 105°. Il produit un poids sec de 1 gr. 020. Sur les 2 gr. 120

(foie sec), il y a donc eu : une quantité correspondant à 1 gr. 100 qui a été digérée et est passée en solution dans la liqueur papaïnique, sous forme de peptones et propeptones ; et une quantité correspondant à 1 gr. 020 qui a résisté à la digestion (*résidu sec de digestion*).

Le BALLON II (digestion gastrique) nous donne les résultats suivants : liqueur de couleur jaune opalescente. Résidu frais de la digestion gastrique : 4 gr. 730, desséché 1 gr. 65. Sur les 2 gr. 120 de l'échantillon (évalué à l'état sec) il y a eu 0 gr. 470 qui a été digéré et liquéfié : 1 gr. 65 qui a résisté.

— Après 24 heures on retire les ballons III et IV.

BALLON III (digestion papaïnique). Liquide de digestion de couleur jaune orangé foncé.

Résidu de digestion : à l'état frais 2 gr. 150 ; à l'état sec 0 gr. 440. Sur les 2 gr. 120 de l'échantillon (évalué à l'état sec) il y a 1 gr. 680 digéré et liquéfié : 0 gr. 440 qui ont résisté. Ce résidu devient rouge brun par la dessiccation.

BALLON IV (digestion gastrique). Liquide de digestion de couleur jaune opalescente.

Résidu de digestion gastrique ; à l'état frais 3 gr. 560 ; à l'état sec 0 gr. 675. Sur les 2 gr. 120 de l'échantillon il y a eu 1 gr. 445 digéré et liquéfié : 0 gr. 675 ont résisté.

— Après 48 heures, on retire les ballons V et VI.

BALLON V (digestion papaïnique). Liquide de digestion de couleur rouge. Résidu de digestion papaïnique ; à l'état frais, 0 gr. 920 ; à l'état sec 0 gr. 150. Sur les 2 gr. 120 de l'échantillon (évalué à l'état sec) il y a eu 1 gr. 970 digéré et liquéfié ; et 0 gr. 150 ont résisté à la digestion et forment une poudre rouge.

BALLON VI (digestion gastrique). Liquide de digestion de couleur jaune opalescente.

Résidu de digestion gastrique : à l'état frais 1 gr. 250 ; à l'état sec 0 gr. 270. Sur les 2 gr. 120 de l'échantillon (évalué à l'état sec), il y a eu 1 gr. 850 digéré ; il y a eu un résidu rouge de 0 gr. 270.

Poids (sec) de foie soumis à la digestion : 2 gr. 120.

	Durée 5 h.	Durée 24 h.	Durée 48 h.
a. — Digestion papaïnique.			
Quantité digérée.	1^{gr}100	1680	1^{gr}970
— résidu..	1.020	0.440	0.150
b. — Digestion gastrique.			
Quantité digérée.	0.470	1.445	1.850
— résidu	1.650	8.675	0.270

En résumé, la digestion papaïnique est la plus complète ; prolongée 48 heures, elle fournit le maximum des produits qui peuvent être extraits du tissu hépatique par ce procédé. C'est à savoir : 1° *une liqueur neutre* de couleur rouge, saline, contenant des peptones et du sucre et tenant en dissolution ce que nous avons appelé le *pigment hépatique aqueux* et 2° une poudre rougeâtre, qui abandonnera à l'alcool ou au chloroforme, le second pigment, *le pigment chloroformique*, en laissant une petite quantité d'un dépôt insoluble, grisâtre.

Nous constatons d'abord que ces pigments se distinguent par leur solubilité.

On évapore la liqueur aqueuse au bain-marie jusqu'à consistance sirupeuse ; elle fonce de plus en plus. Lorsque l'évaporation est terminée, on traite par l'alcool ou mieux par le chloroforme. Il n'y a pas dissolution ; le chloroforme ni l'alcool ne se colorent.

Inversement, la solution chloroformique évaporée ne se dissout pas dans l'eau.

84. Les deux pigments sont-ils le résultat d'une altération opératoire ? — Avant de procéder à une étude plus complète, nous avons à nous demander si les pigments ainsi recueillis, préexistent bien dans le tissu hépatique ou s'ils ne seraient pas le résultat d'une altération produite par la digestion.

Avant de répondre à cette question, il faut remarquer

qu'en ce qui concerne le pigment chloroformique, il est le même soit que l'on traite le résidu de la digestion papaïnique, soit que l'on opère sur le résidu de la digestion gastrique. Au contraire, la liqueur gastrique paraît avoir altéré le pigment aqueux : on n'observe qu'une teinte jaune opalescente que la concentration ne fait pas beaucoup changer. A cet égard, tout l'avantage est à la digestion papaïnique.

Ceci posé, revenons à la question de savoir si nos deux pigments sont des produits naturels ou artificiels. Au lieu de soumettre le tissu hépatique à la digestion pour en extraire ses pigments, essayons de les lui enlever directement par simple traitement mécanique.

Le tissu hépatique est haché, placé dans le vide, au-dessus de l'acide sulfurique. On achève la dessiccation à 105°, à l'étuve. On broie énergiquement la poudre ainsi obtenue, dans un mortier. Puis, on met macérer à l'eau froide ou tiède, très légèrement alcalisée par la soude ou par le carbonate de soude. La liqueur prend une coloration jaune rouge, se fonçant de plus en plus par concentration. On peut s'assurer par diverses épreuves, dont il sera question plus loin, que le pigment ainsi obtenu est le même qui existait tout à l'heure dans le liquide de digestion papaïnique ; seulement il est moins abondant. Le dépôt qui se précipite, étant séché, est ensuite traité par le chloroforme ; il fournit le second pigment, ici encore moins abondant que dans le cas de la digestion. Les produits sont donc les mêmes. L'extraction par l'eau alcalisée donne les mêmes résultats que la digestion papaïnique.

Il résulte de là que le moyen que nous avons employé, c'est-à-dire la *digestion papaïnique*, n'apporte pas de perturbation sensible dans la situation des pigments extraits après dessiccation : c'est *seulement un artifice qui en facilite l'extraction*.

Nota. — Il faut cependant indiquer ici une restriction tout à fait essentielle.

Il peut arriver, et c'est le cas ordinaire chez les très jeunes animaux, chiens, lapins, que le foie après lavage, soit tout à fait clair. On pourra dire que ce foie n'est pas pigmenté à l'état frais ; ou qu'il l'est peu.

Et cependant, même dans ces cas, nos traitements fournissent des quantités appréciables des deux pigments. C'est que, en général, la simple dessiccation du tissu, digéré ou non, entraîne le foncement de couleur. Or, nous avons toujours recours à la dessiccation, pour extraire nos pigments, puisque le traitement à l'état frais ne permet de rien extraire. La démonstration que nous venons de fournir établit donc seulement que le procédé de digestion papaïnique n'ajoute rien à cet égard à la dessiccation ; qu'il n'en aggrave en rien l'effet.

Comment agit la dessiccation pour foncer la couleur du pigment, ou même, à la rigueur, pour le faire passer de l'état de pro-pigment, presque incolore, à l'état de pigment vrai, coloré? On peut croire qu'elle agit par suite d'une oxydation. Et cette supposition se trouve corroborée par l'observation qui sera rappelée plus loin (n° 86) à savoir que les agents oxydants forcent la couleur du pigment chloroformique, et que les agents réducteurs le pâlissent. Toutefois, il faut aussi remarquer que le résultat est le même lorsque l'on dessèche sur l'acide sulfurique, dans le vide. En tout cas, que ce soit l'oxygénation ou la simple déshydratation qui ait cet effet, celui-ci n'en est pas moins certain. Le pigment sec (après ou avant digestion) n'est pas tout à fait la même substance qu'à l'état frais : il n'en diffère que très peu si l'évaporation de l'eau est le seul changement qu'il ait subi. Mais encore, était-il nécessaire de signaler ici cette différence. On pourrait peut-être la traduire en disant que les pigments hépatiques sont d'abord à l'état de *pro-pigments* incolores ; qu'ils restent ainsi quelque temps surtout chez les très jeunes animaux ; mais qu'une simple dessiccation (avec ou sans fixation d'O) suffit à faire apparaître la couleur. L'âge amène le même effet sur le foie vivant.

Ajoutons enfin que chez le chien, chez l'homme, l'âge amène une pigmentation de plus en plus sombre du foie, liée peut-être à une production mélanique plus ou moins anormale.

85. Comparaison des digestions gastrique et papaïnique du tissu du foie. — Une autre particularité mérite d'être mise en lumière. On sait que le suc gastrique attaque et décompose les nucléo-albumines. Il les précipite d'abord ; ces composés n'étant pas stables en milieu acide ; puis il peptonise le noyau albuminoïde et dépose la nucléine et les dérivés nucléiniques. La digestion en milieu neutre, ce qui est le cas de la digestion papaïnique, est beaucoup moins altérante : une partie tout au moins de ces nucléo-albumines lui résiste et reste en solution. C'est ce qui explique que l'on obtienne ensuite un précipité peu abondant (précipité de nucléo-albumines), lorsque l'on acidifie légèrement la liqueur papaïnique.

On comprend aussi que le résidu de la digestion soit plus abondant avec la liqueur gastrique qu'avec la liqueur papaïnique. La différence trouvée plus haut, après achèvement de la digestion entre les résidus secs papaïnique

0 gr. 150 et gastrique 0 gr. 270, c'est-à-dire 0 gr. 120, est principalement formée par ce dépôt de nucléines, et dérivés nucléiniques. C'est lui qui subsiste à l'état de poudre grise cendrée après qu'on a traité par l'alcool ou le chloroforme.

Dans le liquide acide de la digestion gastrique, il n'y a pas de nucléo-albumine en solution. La teinte d'autre part est plus faible. Ceci tendrait à faire admettre qu'une partie de la teinte de la liqueur (c'est-à-dire une partie des pigments) est liée à ces nucléo-albumines ferrugineuses, analogues à celle qu'a fait connaître Bunge.

D'autre part, ce pigment est loin d'être seulement formé par des nucléo-albumines ferrugineuses, puisque la liqueur acide, gastrique, qui est débarrassée de ces substances présente encore une pigmentation jaune. Ces détails auront leur importance quand nous parlerons du fer contenu dans le pigment aqueux.

B. — Pigment hépatique aqueux.

86. Propriétés du pigment hépatique (aqueux). — La matière colorante qui est en solution dans la liqueur de digestion papaïnique (ou qu'on obtient encore du foie par l'action d'un alcali faible) n'a pas été isolée. Nous nous sommes contenté dans ce premier travail d'en étudier les principales propriétés.

La liqueur traitée par les acides, l'acide chlorhydrique, l'acide acétique glacial, ne présente pas de modification autre qu'un léger affaiblissement de la teinte.

L'addition plus abondante d'acide a produit un précipité ne se redissolvant point dans cet excès.

De même la soude ne produit pas d'altération apparente ; quelle qu'en soit la quantité, il n'y a ni précipité, ni changement de couleur. Pas de réaction de Gmelin. L'acide azotique nitreux produit un précipité blanc avec formation d'une couche jaune qui s'étend, à la fin, à toute la masse.

Les *agents oxydants*, l'eau chlorurée, bromée, iodée, ne déterminent pas de précipité ; la couleur fonce légèrement.

Les *agents réducteurs* produisent, à l'inverse, un pâlissement. Nous verrons (n° 92) que ces effets sont incomparablement plus marqués avec le pigment chloroformique.

L'eau oxygénée présente une réaction remarquable en elle-même et parce qu'elle établit une analogie avec la sécrétion biliaire. L'eau oxygénée, à peu près neutre, est décomposée violemment par la liqueur hépatique de digestion papaïnique, comme par la bile. La solution de papaïne elle-même n'a pas d'action. La liqueur de digestion bouillie ne décompose plus ainsi l'eau oxygénée.

La chaleur détermine un léger précipité floconneux. Le vide ne produit aucun changement.

La lumière n'a pas d'action ou seulement une action très lente.

Le spectre d'absorption ne présente pas de bandes isolées : il offre seulement deux plages sombres aux deux extrémités rouge et violette.

87. Distinction des deux pigments par la présence ou l'absence du fer. — En résumé, il y a des différences entre le *pigment aqueux* et le *pigment chloroformique*, au point de vue de la solubilité et au point de vue de l'action des agents oxydants et réducteurs. Mais ce sont là des différences insignifiantes en comparaison de celle qu'il nous reste à signaler.

Il y a, en effet, entre ces pigments une différence capitale : c'est à savoir leur composition. L'un est ferrugineux, c'est le pigment aqueux, l'autre ne contient pas de fer, c'est le pigment chloroformique.

C'est l'essai par la méthode du sulfocyanate qui nous a manifesté ce résultat. Mais les réactions les plus simples le montrent aussi.

88. Pigment aqueux ou ferrugineux. — On peut essayer de se former une idée de la quantité de fer contenue dans ce pigment.

1° On prend une portion de 50 centimètres cubes du liquide de digestion papaïnique (de 10 gr. de foie), liquide qui contient le pigment hépatique aqueux. On l'analyse au point de vue du fer ; le chiffre trouvé est 0 mgr. 22 pour 10 grammes de liquide. Pour la totalité du liquide papaïnique, nous avons donc une quantité de fer égale à 1 gr. 10.

2° On analyse directement un échantillon de foie identique à celui qui a été soumis à la digestion papaïnique. On trouve pour les 10 grammes précisément 1 gr. 10. — Tout le fer du foie est donc passé dans le liquide papaïnique.

En résumé, on arrive (d'une autre manière) à cette conclusion que nous avions déjà indiquée tout à l'heure, à savoir :

Le pigment aqueux, obtenu en solution par la digestion papaïnique du foie, contient à peu près tout le fer du foie. La quantité qui subsiste dans le résidu de cette digestion est insignifiante.

89. Fixation du pigment hépatique ferrugineux par le charbon animal. — Si l'on filtre la liqueur de digestion papaïnique sur le charbon animal, on constate qu'elle passe décolorée. Le charbon a retenu la matière colorante. Il n'y a plus que des traces de fer dans le liquide incolore.

On voit que le lien est tout à fait étroit entre la substance ferrugineuse et la matière colorante : si l'on fait disparaître la coloration, on fait disparaître le fer ; c'est une nouvelle démonstration que le pigment hépatique est la matière ferrugineuse elle-même.

90. État du fer dans le pigment hépatique aqueux. — Nature de ce pigment. — On sait la distinction qui a été établie par les chimistes entre les deux formes sous lesquelles le fer peut exister dans l'organisme.

1° Il peut être en quelque sorte dissimulé dans une combinaison organique où il se trouve fortement lié. C'est ce que l'on appelle le *fer organique* dont les *nucléo-albumines ferrugineuses* de Bunge et *son hématogène*, en particulier, fournissent le type.

Ces combinaisons sont caractérisées en ce que, en solution légèrement alcaline, légèrement ammoniacale, elles ne précipitent point par le sulfure d'ammonium, ou seulement très lentement. L'addition de ferrocyanure avec acidification par l'acide chlorhydrique ne donne pas ou donne seulement très lentement le précipité de bleu de Prusse.

Traitées par l'acide chlorhydrique alcoolique (alcool à 95°, 90 vol. ; HCl à 25 0/0, 10 vol.), elles n'y sont pas solubles, ou si elles s'y dissolvent, elles ne donnent ensuite avec le ferrocyanure de potassium qu'une réaction très lente.

2° La seconde forme est la *forme saline,* quelquefois appelée improprement *minérale*. Les réactions précédentes qui échouaient tout à l'heure, réussissent immédiatement.

Entre ces deux formes pourrait se placer comme un groupe intermédiaire une troisième forme, l'albuminate de fer, la ferro-albumine, ou *ferratine* de Marfori, qui, en effet, est beaucoup moins résistante que la première catégorie, mais plus que la seconde. L'usage semble prévaloir cependant de rattacher ce dernier composé à la *forme minérale* ou *saline*.

Si l'on essaye à ce point de vue la liqueur chargée de pigment aqueux, on constate facilement que la plus grande partie du fer n'y est pas dissimulée d'une façon appréciable. Le métal est très faiblement lié à la matière organique (probablement de nature protéosique). Nous pourrons dire qu'il y est sous la forme saline. La réaction avec le sulfhydrate d'ammoniaque fournit une liqueur verte où se dépose bientôt un précipité.

Le traitement par le ferrocyanure de potassium acidifié par l'acide chlorhydrique donne un précipité de bleu de Prusse immédiat.

91. Ferrine. Rapports avec la ferratine. — Il devient maintenant possible de résoudre la dernière question que soulève la couleur du foie.

Cette couleur n'est pas homogène ; elle est due à plusieurs pigments qu'il faut d'abord diviser en deux catégories : la catégorie des pigments aqueux et ferrugineux, la catégorie des pigments chloroformiques ou alcooliques. Nous avons parlé jusqu'ici de chacune de ces catégories comme si elle était formée d'un pigment unique. Ce n'est pas tout à fait exact, au moins pour les pigments aqueux, ferrugineux. La comparaison, faite plus haut (n° 85) de la digestion acide du foie avec la digestion neutre et d'autre part les réactions indiquées précédemment nous montrent qu'une petite partie est constituée par des nucléo-albumines ferrugineuses, mais que la majeure partie de ces pigments solubles est formée d'un *composé analogue à la ferratine de Marfori et Schmiedeberg.*

Ce composé, étudié dans le produit de la digestion papaïnique, se distingue de la ferratine par quelques traits accessoires. Admettons pour la ferratine les propriétés suivantes :

Poudre jaune ; soluble dans les solutions étendues d'alcalis et carbonates alcalins ; précipitée de ses solutions alcalines par les acides étendus, mais soluble dans un excès d'acide ; lenteur de la réaction avec le sulfure d'ammonium ; lenteur de la réaction colorée avec le ferrocyanure ; solubilité dans l'acide chlorhydrique alcoolique (réactif de Bunge).

La majeure partie de notre pigment (fourni par la liqueur neutre papaïnique) est :

Soluble en milieu neutre ; non précipitée par les acides ; soluble même dans une faible quantité d'acide, et non pas seulement dans un grand excès. Enfin les réactions avec le sulfhydrate d'ammoniaque et le ferrocyanure acidifié n'ont pas besoin d'un long délai pour s'accomplir.

Signalons une autre différence : la *ferrine* (après avoir été chauffée à 100°) jouit à un haut degré de la propriété anticoagulante pour le sang *in vitro* ; la *ferratine* n'exerce pas d'action de ce genre.

Il résulte de là que notre pigment est seulement très voisin de la *ferratine* ; il se rapproche encore plus qu'elle de la *forme saline* du fer. Il a été obtenu par la digestion papaïnique en milieu neutre : la ferratine de Marfori et Schmiedeberg par la dissolution dans les alcalis très étendus. L'un et l'autre procédés sont très peu capables d'altérer l'état naturel de la matière. Le nôtre est-il plus altérant que celui de ces auteurs ; ou est-ce l'inverse ? C'est difficile à décider. Pour ne pas préjuger la question, désignons par le nom de *ferrine* l'état naturel, dans le foie vivant, de ce pigment aqueux, ferrugineux. A cette ferrine il faut ajouter, comme nous l'avons dit plus haut, une très petite quantité de *nucléo-albumines ferrugineuses.*

C'est ce mélange de ferrine et d'une faible quantité de nucléo-albumine ferrugineuse qui constitue le pigment aqueux du foie.

92. Propriétés du pigment hépatique chloroformique. — Nous avons essayé avec le pigment chloroformique les mêmes réactions qu'avec le pigment aqueux (Voir n° 86). On l'obtient, comme nous l'avons dit, en traitant par le chloroforme le résidu sec de la digestion papaïnique ou la poudre de foie séché, épuisée par l'eau très légèrement alcalisée au moyen du carbonate et séchée de nouveau. Ces poudres deviennent rouges par la dessiccation même dans le vide : le chloroforme leur enlève le pigment et les laisse, après épuisement, à l'état de masse pulvérulente grise. On utilise pour l'étude des propriétés soit la solution chloroformique, soit la solution alcoolique.

L'acide acétique ne produit pas de changement. La solution alcoolique de soude détermine un précipité qui disparaît par agitation en présence d'un excès de réactif.

Avec le réactif de Gmelin (acide nitrique nitreux) on n'obtient pas d'effet.

Il importe toutefois de faire ici une observation : Si l'on emploie la solution alcoolique, que l'on traite par l'acide nitrique nitreux, on peut voir, en attendant suffisamment, à la limite de séparation des deux liquides, une teinte verte qui fonce de plus en plus et passe enfin au bleu clair.

Mais il est à noter que cette réaction appartient *aux réactifs eux-mêmes* (alcool et acide nitrique nitreux). On l'obtient en effet avec ces liquides purs. C'est ce fait qui probablement a induit en erreur quelques observateurs, par exemple Cadiat (1). On ne doit jamais exécuter la réaction de Gmelin sur les liqueurs alcooliques.

Les *agents oxydants* exercent une action qu'il faut signaler.

Employons, par exemple, la solution alcoolique d'iode et faisons-la agir sur la solution alcoolique du pigment. La couleur se fonce davantage : si l'on est parti de la couleur jaune (concentration faible) la solution passe au rouge.

Si l'on fait ensuite passer un courant d'hydrogène sulfuré, la couleur s'éclaircit et revient au jaune pâle initial ; après avoir chassé l'hydrogène sulfuré par la chaleur, la liqueur gardant sa couleur, on peut faire agir à nouveau l'alcool iodé et reproduire les mêmes alternatives.

La chaleur détermine un changement de teinte : la solution devient plus foncée.

La lumière n'exerce pas d'effet sensible.

Quant au spectre d'absorption, il n'a non plus que le précédent (et non plus que celui du pigment biliaire) rien de caractéristique. Il n'y a point de bandes nettement limitées, mais seulement deux plages s'arrêtant aux divisions : 20 pour le rouge ; 100 pour le bleu-violet (spectre : raie D = 50 ; raie strontium = 105).

C. — Pigment chloroformique.

93. Nature du pigment chloroformique. — Le pigment chloroformique peut être rapproché des pigments

(1) Cadiat, La structure du foie des invertébrés. *Gazette médicale*, p. 270, 1878.

biliaires d'une part et d'autre part des lipochromes et lutéines, catégories entre lesquelles il est intermédiaire. Nous l'appellerons d'un nom qui exprime ces affinités, *choléchrome*.

Voici ses caractères :

1° *Couleur*, partie chaude du spectre, gamme jaune rouge, comme les lipochromes ;

2° *Solubilité* de même dans le chloroforme, la benzine ; insolubilité dans l'éther conformément à ce qui arrive pour les pigments biliaires, mais contrairement à la plupart des lipochromes.

3° *Les procédés d'oxydation ou de déshydratation* qui font passer les lipochromes comme les pigments biliaires à la gamme verte et bleue, sont sans effet sur le pigment hépatique du foie ou du moins agissent sur lui en le poussant au rouge, vers la partie la moins réfringente du spectre. Nous avons mis en garde contre une fausse réaction, à savoir : le passage au vert que l'on observe en traitant la solution alcoolique par l'acide nitrique nitreux, réaction qui appartient à l'alcool lui-même, ou au chloroforme, et se produit d'ailleurs lentement (1).

4° Les procédés de réduction (courant d'hydrogène sulfuré) ramènent le pigment oxydé à l'état initial comme cela a lieu avec les pigments biliaires.

5° Le spectre d'absorption est le même que pour les lipochromes et les pigments biliaires, en ce sens qu'il n'offre pas de bandes limitées, mais seulement deux plages extrêmes l'une dans le rouge, l'autre dans le violet spectral (2).

---

(1) A. Dastre et Floresco, Réaction de Gmelin pour les lipochromes (*C. R. de la Société de biologie*, janvier 1898).

(2) On peut cependant établir des distinctions entre ces spectres con-

§ 2. — Pigments hépatiques chez les autres vertébrés.

Les résultats typiques que nous venons d'obtenir chez le chien peuvent être appliqués aux autres classes de vertébrés. Un grand nombre de vérifications de détail faites chez ces animaux nous ont montré des faits concordants avec les précédents, qui prennent ainsi un véritable caractère de généralité.

94. Reptiles. — Nous avons opéré sur les lézards, exactement comme sur le chien.

Quoique l'opération soit plus difficile, on réussit à laver le foie avec l'eau salée ; on le hache et le sèche dans le vide au-dessus de l'acide sulfurique. La poudre de foie (obtenue de plusieurs animaux) est divisée en deux lots :

L'un des lots est soumis à la digestion papaïnique ; le résidu est traité par le chloroforme ou l'alcool.

Le second lot est traité par l'eau très légèrement alcalisée ; le résidu repris par le chloroforme.

On obtient ainsi les deux pigments : l'un aqueux et ferrugineux ; l'autre chloroformique. Le spectre et les autres caractères sont les mêmes que chez le chien.

95. Batraciens. — Même chose chez la grenouille. Le

tinus : si la concentration augmente, le spectre des lipochromes se resserre des deux côtés ; les deux plages obscures marchent l'une vers l'autre pour se rejoindre en un point intermédiaire. Pour la bilirubine, rien de pareil ; la plage du côté violet vient brusquement s'adosser par une ligne tranchée au voisinage de la raie D et n'en bouge plus guère ; c'est la plage obscure du côté rouge qui va marcher à sa rencontre pour les concentrations croissantes. Quant à la biliverdine, son spectre peut présenter des bandes nettes ; par exemple, dans le rouge, une bande qui se confond avec la première bande de la chlorophylle.

lavage du foie y est beaucoup plus facile que chez le lézard. L'organe prend une teinte claire. On répète cette opération sur un assez grand nombre d'animaux pour avoir une quantité de tissu hépatique suffisant aux recherches.

Mêmes résultats avec les tritons, salamandres. On trouve les deux pigments, l'un soluble dans la liqueur de digestion papaïnique et dans les solutions faiblement alcalines, l'autre, soluble dans le chloroforme et l'alcool.

96. Poissons. — Nous avons fait des recherches de même genre chez différents poissons, carpes, tanches, etc. Le résultat a été identique.

97. Conclusions. — 1° Le foie, chez tous les vertébrés, doit sa couleur à deux catégories de matières colorantes, qui se distinguent de prime abord par leur solubilité, à savoir : a. les *pigments aqueux* et b. les *pigments chloro-formiques* ;

2° — *a*) Les *pigments aqueux* sont solubles dans l'eau légèrement alcalinisée par la soude ou par le carbonate de soude et dans la liqueur neutre de digestion papaïni-que, ce qui fournit deux moyens de les obtenir. Ils sont insolubles dans le chloroforme et dans l'alcool. Leur couleur varie dans la gamme du jaune au rouge. Ils sont toujours ferrugineux et contiennent à peu près tout le fer du foie.

Ils sont constitués par un composé ferrugineux que nous appelons *ferrine*, mélangé d'une petite quantité de nucléo-albuminoïdes ferrugineux ;

3° La *ferrine* s'obtient intégalement par la digestion papaïnique du foie frais : c'est un composé organo-mé-tallique très voisin de la *ferratine* de Marfori et Schmiedeberg, mais s'en distinguant en ce que le fer y est moins dissimulé que dans celle-ci. Les réactions avec le ferrocyanure de potassium et le sulfhydrate d'ammoniaque sont plus rapides à se produire. La ferrine est une combinaison encore plus voisine que la ferratine de la forme saline ou minérale ; elle contient de l'hydrate ferrique combiné à un albuminoïde ayant les caractères des protéoses ; il est vraisemblable que le fer peut y exister alternativement à l'état ferreux et à l'état ferrique.

4° Le pigment aqueux, ferrugineux, examiné au spectroscope, donne un spectre continu, sans bandes d'absorption, qui s'éteint seulement aux deux extrémités, rouge et violette.

Les trois traits distinctifs sont donc : la *solubilité*, la *richesse en fer*, le *spectre continu*.

b) *Pigment alcoolo-chloroformique*. — Le second pigment est soluble dans le chloroforme, moins soluble dans l'alcool ; il est peu soluble dans l'éther, insoluble dans l'eau. Il est intermédiaire par ses caractères aux lipochromes et aux pigments biliaires. Nous l'avons nommé *choléchrome*.

On l'obtient en traitant le résidu de la digestion papaïnique, ou directement la poudre de foie séché.

Il ne contient pas de fer. Il n'est pas attaqué par la digestion papaïnique.

CHAPITRE III

Pigments hépatiques chez les invertébrés.

98. Simplification de la recherche. Macération hépatique. — La recherche des pigments hépatiques se trouve simplifiée chez les invertébrés pour deux raisons qui n'existent pas chez les vertébrés.

La première c'est que, chez le plus grand nombre de ces animaux, le sang est peu ou point coloré, de telle sorte qu'il n'y a pas à craindre que la couleur du foie soit dissimulée ou compliquée par celle du sang. Dès lors, il n'est pas nécessaire de se débarrasser du sang par le lavage préalable du foie, opération qui, d'ailleurs, serait le plus souvent impraticable.

C'est seulement chez les invertébrés dont le sang est fortement pigmenté, qu'il y aura, à cet égard, des précautions à prendre.

La seconde espèce de simplification que présentent les invertébrés tient à la possibilité d'obtenir facilement les pigments du foie par macération de l'organe dans l'eau saline. Cette macération qui, chez les vertébrés, n'avait aucun rapport apparent avec la *sécrétion biliaire*, ici, au contraire, offre les plus grandes analogies avec elle ; elle lui est sensiblement identique. Il résulte de là que les *pigments hépatiques* se confondent en partie avec les *pigments biliaires*, ce qui n'avait pas lieu chez les vertébrés. Aussi, la question des pigments du tissu hépatique qui nous occupe était-elle, chez les vertébrés, une question presque neuve, toute l'attention des observateurs s'étant portée sur la sécrétion biliaire. Ici, au contraire, la question des pigments hépatiques bénéficie des études faites sur les pigments biliaires par un certain nombre d'auteurs, parmi lesquels nous citerons particulièrement Sorby, Krukenberg et Mac Munn.

Nous avons étudié les pigments hépatiques chez quelques crustacés et surtout chez les mollusques.

§ 1. — Mollusques.

Nous avons examiné des représentants des trois classes, gastéropodes, lamellibranches, céphalopodes.

Parmi les gastéropodes, nous avons examiné surtout l'escargot et les buccins ; parmi les lamellibranches : les moules, les pectens et les huîtres ; parmi les céphalopodes : les poulpes et les seiches.

C'est l'étude de l'escargot qui nous a retenus le plus longtemps. Le foie de l'helix mérite cette attention par des particularités très instructives. Cependant, au point de vue des analogies avec les vertébrés, ce n'est point par les gastéropodes pulmonés qu'il faut commencer, c'est par les lamellibranches et les céphalopodes. Les gastéropodes à vie terrestre constituent, en effet, à un certain point de vue, un type légèrement aberrant.

99. Caractères généraux des pigments hépatiques. — Indiquons immédiatement le fait capital : comme chez les vertébrés, le foie présente deux catégories de pigments qui se distinguent en premier lieu par leur solubilité ; c'est à savoir : les *pigments aqueux* et les *pigments chloroformiques*.

Les *pigments aqueux* peuvent être obtenus directement par simple macération dans l'eau salée ou simplement alcalisée. L'extraction dans ce cas est incomplète. Si l'on veut épuiser le tissu hépatique de sa matière colorante, il faudra recourir au même moyen qui a réussi avec le foie des vertébrés, c'est-à-dire à la *digestion papaïnique* du tissu frais ou desséché. On emploie la papaïne en solution à 1 0/0, et l'on ajoute dans un matras à 50 centimètres cubes de cette solution, environ 10 grammes de tissu frais de foies enlevés à un nombre suffisant d'animaux. On porte à l'étuve à 37°. La digestion terminée, on recueille le liquide qui contient tout le *pigment aqueux*, et le résidu séché, traité par le chloroforme, fournit ensuite le *pigment chloroformique*.

Le pigment *chloroformique* peut être obtenu plus simplement, d'une manière directe, en opérant sur la poudre de foie séché au vide sulfurique. Le résidu, convenablement traité, donnera ensuite le pigment aqueux.

Il importe de noter que quelques auteurs, Mac Munn par exemple, ont épuisé le foie par l'alcool. Ils ont obtenu ainsi un pigment alcoolique qui se confond plus ou moins complètement avec notre pigment chloroformique lequel peut être appelé en conséquence pigment *alcoolo-chloroformique*. Mais ce procédé a des inconvénients sérieux. Dans certains cas, en effet (et cela arrive précisément chez l'escargot), le pigment aqueux peut être très légèrement soluble dans l'alcool, de sorte que l'on se trouve en présence de deux pigments, non séparés, dans l'extrait alcoolique. De là, des confusions qui n'existent point avec le chloroforme.

On reconnaît que les deux pigments, aqueux et chloroformique, sont bien réellement distincts : le pigment aqueux est insoluble dans le chloroforme, le pigment chloroformique est insoluble dans l'eau.

100. Analogies avec les vertébrés. — On aperçoit ici déjà les plus grandes analogies avec les faits obtenus chez les vertébrés ; et, de même et par les mêmes raisons que chez ces derniers, on établirait que le pigment aqueux ou papaïnique des invertébrés n'est pas un produit artificiel du traitement, mais qu'il représente *très sensiblement* l'état naturel du pigment dans le foie vivant, ou tout au moins son propigment.

Enfin, nous indiquerons ici, par anticipation, une analogie qui est peut-être la plus forte que l'on puisse signaler non seulement entre les pigments hépatiques, mais entre les foies eux-mêmes des invertébrés et des vertébrés. C'est à savoir que chez la presque totalité des invertébrés (mollusques surtout) que nous avons examinés, le pigment aqueux est en même temps ferrugineux et qu'il est identique au composé ferrugineux des vertébrés que nous avons nommé *ferrine*. De ce chef, la *ferrine* acquiert un caractère presque universel dont on remarquera l'importance.

Il y a cependant à cette règle que nos études ont mise en lumière une exception remarquable.

Chez les gastéropodes pulmonés seuls, ce composé ferrugineux diffère de la ferrine et c'est en quoi ces animaux constituent une sorte de cas aberrant. La ferrine est remplacée chez eux par l'*hémochromogène*; et, cette substitution, d'autre part, est par elle-même très intéressante à plusieurs points de vue.

A. — CÉPHALOPODES.

Nous avons surtout examiné la seiche et le poulpe qui se comportent d'une manière un peu différente.

101. Pigments hépatiques de la seiche. Ferrine et choléchrome. — Le foie se présente chez la seiche avec une couleur jaune. On l'extrait facilement en évitant tout contact avec les pigments de la poche à encre.

A. — *Pigment aqueux*. — On peut soumettre les foies frais à la digestion papaïnique dans les conditions ordinaires ; on peut encore opérer sur la poudre de foie séché dans le vide au-dessus de l'acide sulfurique. De quelque manière que l'on procède, on obtient une liqueur jaune qui contient le pigment aqueux. Ce pigment aqueux est insoluble dans le chloroforme ; il est riche en fer ; il donne un spectre continu ; il offre, en un mot, tous les caractères que nous avons constatés chez le pigment aqueux des vertébrés, ou ferrine.

B. — *Pigment alcoolo-chloroformique*. — Le pigment chloroformique s'obtient au moyen de la poudre de foie séché ou au moyen du résidu de la digestion papaïnique. La couleur est franchement jaune et passe au rouge si la concentration est suffisante. Il fournit le même spectre sans bandes délimitées qui appartient au pigment chloroformique des vertébrés, dont il a d'ailleurs tous les caractères. Il est pauvre en fer. C'est le *choléchrome,*

En résumé, il y a *identité des deux pigments hépatiques chez la seiche et chez le chien et les autres vertébrés.*

102. Pigments hépatiques du poulpe. Ferrine et hépato-chlorophylle. — Le résultat n'est pas le même chez le poulpe.

Celui-ci va nous présenter un second type, au moins en ce qui concerne le *pigment chloroformique*.

Le foie est de couleur brune. Le pigment aqueux a les caractères ordinaires qu'il présente chez les vertébrés et chez la seiche ; il est riche en fer ; c'est la *ferrine*.

Quant au pigment chloroformique obtenu comme celui de la seiche, il présente une couleur fauve plus ou moins foncée.

Caractères spectroscopiques. — Au spectroscope, il offre un spectre très remarquable et que nous rencontrerons souvent par la suite.

C'est un *spectre à quatre bandes* dont nous indiquons la position en divisions de notre micromètre. Disons d'abord que le micromètre de notre spectroscope est ainsi repéré : division 50, raie D du sodium ; division 105, raie bleue principale du strontium ; intervalle divisé en 55 divisions que l'on prolonge ; la raie rouge principale d'émission du lithium correspond à 32 ; la raie verte du calcium à 60.

Ceci posé, les quatre bandes sont les suivantes : la bande caractéristique, très noire, dans le rouge 29-32 ; une seconde bande, très faible, dans l'orangé 42-46 ; la troisième bande est dans le vert 62-66 (elle est la seconde dans l'ordre de la netteté) ; la quatrième bande également dans le vert 75-82 (elle est la troisième dans l'ordre de la netteté). (Voir Spectre, 1re planche.)

Ce pigment renferme seulement des traces de fer. C'est un nouveau trait qui le distingue du pigment aqueux. Nous le retrouverons dans le foie de l'huître et enfin dans celui de l'escargot, et c'est alors que nous aurons à nous expliquer sur sa nature. Disons dès à présent qu'il ressemble à la chlorophylle par son spectre, et appelons-le provisoirement *chlorophylloïde* ou *hépato-chlorophylle*. Ajoutons que c'est surtout avec le mélange alcool-chloroforme ou avec l'alcool seul que l'on observe les quatre bandes.

En résumé, les céphalopodes nous offrent deux types : l'un représenté par la seiche, a les mêmes pigments hépatiques que les vertébrés, à savoir : le pigment aqueux, ferrugineux, *ferrine* ; et le pigment chloroformique, *choléchrome*.

L'autre type, représenté par le poulpe, offre le pigment aqueux, ferrugineux, *ferrine* ; mais le pigment chloroformique est différent ; c'est le pigment à 4 bandes, *chlorophylloïde* ou *xanthophylloïde* (*hépato chlorophylle* ou *hépato-xanthophylle*).

B. — LAMELLIBRANCHES.

Nous avons examiné diverses variétés, et parmi elles l'*huître portugaise*, les *moules*, les *pectens* et les *anodontes*.

103. Pigments hépatiques de l'huître. Ferrine et hépato-chlorophylle. — Chez l'huître portugaise, le foie ne peut être isolé qu'avec beaucoup de précautions. Ses lobes ne sont pas faciles à séparer complètement de l'intestin qui y envoie des prolongements ou des diverticules que l'on peut identifier avec des canaux biliaires.

a) Pigment aqueux. — L'organe se présente avec une teinte jaune verdâtre. On peut essayer d'extraire les substances colorantes qui lui donnent cette double coloration au moyen d'une simple macération dans l'eau très légèrement alcalisée. Mais si l'on applique ce procédé en partant du tissu frais, on n'obtient qu'une faible quantité de substance. Le résultat est meilleur en partant de l'organe préalablement desséché sur le vide sulfurique, puis réduit en poudre. Cependant, alors encore on n'arrive pas à épuiser entièrement le tissu.

Aussi, malgré l'efficacité relative du procédé par macération, vaut-il mieux recourir à l'artifice de la digestion papaïnique que l'on applique soit au foie frais, — soit, encore, à la poudre de foie séché ou enfin au résidu du traitement chloroformique. On obtient ainsi une liqueur jaune qui passe au rouge par concentration.

Cette liqueur est riche en fer. — Elle a les propriétés du pigment hépatique aqueux des vertébrés et toutes ses réactions. Elle est décolorée par le charbon animal ; elle donne au spectroscope un spectre continu sans bandes délimitées, à plages assombries seulement vers les deux extrémités rouge et violette. C'est la *ferrine*, sorte de protéosate de fer ; elle est mélangée d'une petite quantité de nucléo-albuminoïdes ferrugineux.

b) Pigment chloroformique. — La poudre de foie desséché conserve la couleur jaune verdâtre de l'organe frais ; elle est seulement un peu plus foncée. — Traitée par le chloroforme, elle fournit une liqueur jaune verdâtre. Celle-ci, examinée au spectroscope, donne le spectre très remarquable que nous avons déjà rencontré, le spectre à quatre bandes de l'hépato-chlorophylle.

Il se confond absolument avec celui que nous avons décrit chez le poulpe.

104. Pigments hépatiques des moules, des pectens. — Chez les moules et les pectens, les résultats sont les mêmes. Chez ces derniers, le foie présente une couleur vert brunâtre, on l'isole assez facilement ; on le sèche dans le vide au-dessus de l'acide sulfurique. On obtient ainsi une poudre très hygrométrique que l'on est obligé de conserver à l'exsiccateur.

a) Pigment aqueux. — Par la digestion papaïnique on obtient le pigment aqueux, ferrugineux, sans bandes, ayant tous les caractères de la *ferrine* chez les vertébrés.

b) Pigment chloroformique. — La poudre de foie traitée par l'alcool chloroforme fournit une liqueur vert foncé. Ce pigment est très facilement soluble. Au spectroscope, il fournit le spectre caractéristique de l'hépato-chlorophylle, spectre à 4 bandes, à savoir : 27-30 très noire dans le rouge ; 42-46 très claire dans l'orangé ; 62-66 noire dans le vert : 75-82, moins noire, encore dans le vert.

Il contient très peu ou point de fer. Les agents oxydants et déshydratants foncent sa couleur ; les réducteurs la ramènent à l'état initial.

105. Pigments hépatiques de l'anodonte : pigment aqueux, ferrine ; pigment chloroformique, choléchrome. — L'anodonte présente des faits concordants avec les précédents en ce qui concerne le *pigment aqueux.*

En ce qui concerne le *pigment chloroformique*, il y a une observation très importante à faire.

Nous avons opéré sur des anodontes conservées depuis trois mois dans l'eau courante d'un aquarium apparemment débarrassé de végétaux verts. L'extrait chloroformique du foie ne présentait point le spectre à quatre bandes, mais un spectre continu obscurci seulement par des plages sombres aux deux extrémités rouge et surtout violette. A cet égard, le pigment chloroformique se comportait comme le *choléchrome* ou pigment chloroformique des vertébrés. L'analogie était ici complète, les deux pigments identiques.

En résumé, nous trouvons chez les lamellibranches les deux types que nous avons vus représentés chez les céphalopodes ; les uns et les autres sont identiques aux vertébrés en ce qui concerne le pigment aqueux, ferrugineux du foie, la ferrine — mais différents en ce qui concerne le pigment chloroformique : chez les vertébrés, la seiche, l'anodonte, ce pigment est le choléchrome à spectre continu — chez le poulpe, l'huître, la moule, le pecten, c'est-à-dire en somme, dans le cas le plus général, le pigment chloroformique offre un spectre à 4 bandes analogue à certains égards à celui de la chlorophylle (1).

106. Problème de l'existence réelle du pigment chlorophylloïde (hépato-chlorophylle). — Une question s'impose ici, à propos de l'anodonte. Des observateurs comme Mac-Munn qui ont eu l'occasion d'examiner l'extrait alcoolique du foie de cet animal ont aperçu le spectre chlorophylloïde, à 4 bandes ; tandis que ce spectre n'existait pas, mais seulement celui, en quelque sorte négatif du choléchrome, chez les échantillons que nous avons eus entre les mains et qui avaient été conservés longtemps à l'aquarium.

Une question importante se pose ici. On peut se demander si le choléchrome ne serait pas le pigment constant et propre du tissu hépatique, tandis que l'hépato-chlorophylle serait un élément accidentel surajouté. Lorsqu'il y aurait mélange, l'hépato-chlorophylle cou-

(1) Il faut dire, tout au moins, que l'hépatochlorophylle masque et dissimule presque complètement le choléchrome qui peut exister.

vrirait le choléchrome et empêcherait de l'apercevoir.

Les pigments biliaires et la chlorophylle offrent des analogies très grandes qui n'ont pas échappé aux chimistes depuis Berzelius qui confondait la biliverdine (sorte de choléchrome) avec la chlorophylle, jusqu'à A. Gautier qui a insisté sur les rapports de composition des pigments biliaires et des chlorophylles. Les dissolvants, l'action des agents oxydants et réducteurs, l'absence de fer, la couleur, sont les mêmes : seul le caractère spectroscopique les distingue ; et comme celui du choléchrome (pigments biliaires) est négatif, on comprend bien que dans le cas de mélange le pigment chlorophylloïde masquera le choléchrome, tandis que le choléchrome ne peut masquer le chlorophylloïde.

S'il en était ainsi, les faits reprendraient un caractère d'universalité tout à fait remarquable. Partout (1) il y aurait le même pigment aqueux, ferrine ; partout le même pigment chloroformique, choléchrome. Seulement, dans un très grand nombre de cas, le pigment chlorophylloïde, dû à une circonstance accidentelle mais très fréquente (alimentation végétale), viendrait masquer ce dernier.

La question de fait est donc de savoir si le pigment chlorophylloïde est réellement contingent ou nécessaire, si le choléchrome n'existe pas sans lui. Ce problème se pose ici, à l'occasion de l'anodonte. Nous l'examinerons plus loin, à propos de l'escargot.

C. — GASTÉROPODES (escargots).

Nous avons examiné, parmi les gastéropodes, les *hélix*, les *buccins*, les *planorbes*, etc.

(1) Sauf les gastéropodes pulmonés.

Les escargots sont des animaux de choix, pour ces études, et cela pour deux raisons : la première c'est que l'on peut se les procurer à profusion et en tout temps ; la seconde c'est que, en même temps que le foie, on peut recueillir en abondance aussi la sécrétion hépatique, circonstance qui permet de comparer les pigments de l'organe aux pigments de la sécrétion.

A. — *Pigments hépatiques de l'escargot.*

107. Préparation des pigments hépatiques de l'escargot. — En ouvrant la coquille, on aperçoit le manteau dans la partie qui recouvre le sac pulmonaire. Celle-ci peut être claire ou foncée ; il y a en effet un pigment noir, plus ou moins abondant, qui se dépose le long des vaisseaux et sur le bord libre du sac pulmonaire. Vers la partie postérieure, on aperçoit par transparence le foie. Celui-ci est plus ou moins fortement coloré, tantôt en brun foncé, tantôt en jaune clair. Il est volumineux : il représente en poids le 1/5 du corps.

Une remarque intéressante, c'est que le foie est sombre chez les animaux où les vaisseaux du sac pulmonaire sont chargés de pigment : le foie est clair, lorsque ces vaisseaux sont peu colorés ; de telle sorte que la seule inspection du sac pulmonaire fournit un premier renseignement sur la couleur du foie (1).

On dissèque et on isole l'organe avec précaution ; on l'enlève. Les foies enlevés à un grand nombre d'escargots sont réunis, transformés en bouillie, puis portés dans l'exsiccateur au-dessus de l'acide sulfurique. On obtient en 24 heures une dessiccation à peu près complète, qui permet de broyer les foies.

On a ainsi la *poudre de foie* (400 escargots nous ont donné 42 grammes de poudre sèche ; un corps d'escargot pesait en moyenne 3 gr. 500 et le foie 0 gr. 7).

(1) Cette observation peut être rapprochée de celle que nous avons faite plus haut.

De cette poudre, on fait 2 lots qui vont servir à l'extraction des pigments :

1° Le premier lot est traité par le chloroforme et l'alcool ; la liqueur filtrée est de couleur jaune : c'est le *pigment chloroformique* ou *alcoolique*.

2° Le deuxième lot est soumis à la digestion papaïnique, à l'étuve à 37°. On a un dépôt brun et un liquide de digestion. Ce liquide filtré est de couleur rouge foncé, c'est le *pigment aqueux*.

108. Caractères généraux de ces pigments.— *a)* **Analogies avec les vertébrés. —** *b)* **Différences. —** *a)* On constate que les *deux pigments, aqueux et chloroformique,* présentent les plus grandes analogies avec ceux que nous avons trouvés chez les vertébrés.

Le *pigment chloroformique* ne contient pas de fer, il est insoluble dans l'eau, soluble dans l'alcool, à peu près insoluble dans l'éther.

Le *pigment aqueux* est ferrugineux (ferrine). Il contient à peu près tout le fer que l'on rencontre dans le foie. On peut l'obtenir, à très peu près identique, sans recourir à la digestion papaïnique, en traitant simplement par l'eau très légèrement alcalisée, la poudre de foie desséché. Seulement, ce procédé d'extraction ne pourrait pas suffire à épuiser le tissu hépatique. On voit par là, en tout cas, que ce pigment n'est pas un produit artificiel de la digestion papaïnique, foncièrement différent de la substance existant naturellement dans le foie.

Le noir animal peut enlever à ce liquide tout son pigment ; la liqueur filtrée passe incolore et ne renferme plus que des traces de fer.

Nous trouvons donc ici l'*exacte répétition de ce que nous avons vu chez le chien et les vertébrés : deux pigments analogues avec des propriétés analogues.*

b) Mais il y a une *différence* importante. Elle est relative aux *spectres*. Tandis que chez les vertébrés les deux pigments du tissu hépatique (semblables en cela aux pigments de la bile) donnaient le même spectre sans bandes proprement dites, éteint seulement aux deux extrémités ; ici, chez l'escargot, les spectres sont différents.

Nous avons deux spectres à bandes.

— Le *pigment aqueux* présente un *spectre à deux bandes* étroites, dans le vert, entre D et F, correspondant au repérage suivant : la première bande entre 59-62 et la deuxième bande entre 68-72. Elles appartiennent à l'hémochromogène.

Nous verrons, chose remarquable, que ces mêmes bandes existent dans la sécrétion hépatique de l'escargot.

— Quant au *pigment chloroformique*, il présente le spectre, très remarquable, déjà vu chez le poulpe et la plupart des lamellibranches, le *spectre à quatre bandes* : une bande très noire dans le rouge entre 29-34 ; une bande faible dans l'orangé entre 42-46 et deux autres bandes dans le vert ; l'une entre 62-66 sombre, mais moins que la première : une autre enfin entre 75-82 qui est la troisième par ordre d'importance.

Krukenberg (1) a fait des extraits alcooliques de foie de mollusque, et particulièrement d'escargot. L'examen spectroscopique lui a montré des bandes d'absorption qu'il considère comme inconstantes, sauf une seule, qui se confond sensiblement avec la première de nos bandes dans le rouge (29-34). — Nous sommes obligés de dire que nous avons toujours trouvé les trois autres bandes. Le spectre à quatre bandes nous paraît donc caractéris-

______

(1) KRUKENBERG, Ueber das Verhœltniss der Leberpigmente zu den Blut, farbstoffen bei den Wirbellosen. *Vergleichendephysiologische Studien-* Heidelberg, 1881, III, p. 181.

tique du pigment *alcoolo-chloroformique* du foie ; étant admis que, dans ce spectre, ce sont les bandes les plus nettes qui sont aussi les plus constantes.

109. Nature des pigments hépatiques de l'escargot : hémochromogène, hépatochlorophylle. — Si l'on se fonde sur les caractères spectroscopiques, on peut déjà soupçonner la nature de ces pigments hépatiques de l'escargot. Nous disons « soupçonner » ; mais il ne serait pas légitime « d'affirmer », sur une simple coïncidence spectroscopique. L'exemple du carmin ammoniacal, qui offre les mêmes bandes que l'oxyhémoglobine, est bien capable de mettre en garde contre les erreurs d'un tel raisonnement. Cependant Sorby, en 1876, et Mac Munn (1883), trouvant dans la bile de l'escargot les caractères des deux bandes que nous venons de rencontrer dans le pigment hépatique aqueux, ont conclu, sur ce seul caractère, à l'existence, dans cette bile, de l'hématine réduite. Krukenberg qui avait vu ces deux bandes avait cru y reconnaître celles de l'hémoglobine.

1° *Le pigment hépatique aqueux est de l'hémochromogène.* — Nous ne nous appuyons pas seulement sur le caractère de coïncidence des deux bandes dans le vert spectral, à savoir : 59-62 pour la première, et 68-72 pour la seconde, l'hémochromogène donnant 58-63 et 68-82. Nous invoquons une autre raison, c'est à savoir que, comme l'hémochromogène, le *pigment aqueux* du foie est riche en fer ; sa richesse est celle même du foie. Nous avons mesuré celle-ci dans notre étude sur la fonction martiale ; nous avons trouvé 0 milligr. 15 par gramme de foie sec. A peu près tout ce fer passe dans le pigment aqueux ; et celui-ci pourtant ne représente qu'une fraction du poids du foie sec. On a donc un produit très riche en fer, et cette circonstance inconnue jusqu'ici est tout à fait significative, car l'hémochromogène $C^{32}H^{30}Az^4FeO^2$ est aussi une substance très riche en fer ; elle contient près du dixième de son poids de fer. — En troisième lieu, les acides énergiques font disparaître les bandes de l'hémochromogène comme celles du pigment hépatique aqueux, et les agents de réduction, tels que le sulfhydrate d'ammoniaque, ne les changent pas ou les renforcent.

On sera frappé de trouver dans le foie un pigment qui est le noyau fondamental de l'hémoglobine, alors que le sang de l'animal ne contient point d'hémoglobine. Hémoglobine = hémochromogène + globine (protéide).

2° *Le pigment chloroformique ou alcoolo-chloroformique* du foie d'escargot ne contient que des traces de fer.

L'analyse du résidu chloroformique évaporé nous a donné moins de 2 centièmes de milligramme de fer pour 1 gramme de ce résidu.

Ce pigment est évidemment le même que celui de l'ostrea, mytilus, pecten, octopus, qui nous offrent également le spectre à 4 bandes (la première caractéristique). Or, chez ceux-ci, en se fondant sur le caractère spectroscopique, Mac Munn a conclu que ce pigment était constitué par une variété de *chlorophylle*, qu'il appelle l'*entéro-chlorophylle*, et qui offrirait un spectre à deux ou trois bandes dont la première serait tout à fait caractéristique.

Cette première bande siège dans le rouge sur la raie B, excepté chez l'*Octopus* et le *Buccinum undatum* où elle serait reportée légèrement vers la raie C (*entérochlorophylle acide*). On trouverait une autre bande avant D — moins constante, — une troisième entre D et E, une 4° vers F. Ces bandes sont réduites à deux (huître) ; à trois (cardium, anodonte) ; il y en a 4 (buccin) — mais toujours *la première est caractéristique*.

En traitant ces extraits alcooliques par quelques gouttes d'acide nitrique, Mac Munn a toujours obtenu le même spectre à cinq bandes, que l'on obtient en traitant de la même façon la *chlorophylle véritable*. L'acide azotique les fait passer au jaune et ils donnent les cinq bandes correspondant aux longueurs d'onde suivantes ; première bande dans le rouge, à cheval sur C, 661-643 ; deuxième bande en avant de D, dans le jaune, 608-592 ; troisième bande après D, dans le jaune, 576-561 ; quatrième bande avant E, dans le vert, 539-518 ; cinquième bande avant F, à la limite du vert et du bleu, 502-484. Ce sont précisément les mêmes nombres que pour les bandes de la chlorophylle végétale (Primula) traitée de même. Une telle coïncidence, absolument remarquable, conduit Max Munn à considérer le *pigment alcoolique du foie, chez ces animaux, comme une chlorophylle*; c'est une *entérochlorophylle*.

Dans notre spectre à quatre bandes, les deux dernières appartiendraient, d'après Mac Munn, à l'hématine réduite ; et en apparence il est vrai que leur position les rapproche de celles de cette substance. Mais c'est là une erreur, à notre sens ; car l'extrait chloroformique ne change pas si on le traite par un acide. Il ne contient pas d'hémochromogène.

Dans le spectre à quatre bandes que nous avons observé à peu près constamment avec les solutions chloroformiques, il n'y a donc pas lieu de considérer les deux bandes du vert comme étrangères aux deux autres. Les quatre bandes appartiennent au même pigment.

Ce pigment, c'est une chlorophylle sans doute. Les quatre bandes coïncident précisément avec celles du spectre de la chlorophylle.

Nous nous en sommes assurés en traitant des feuilles de fusain (Evonymus) par le chloroforme. Nous avons retrouvé le même spectre que nous a donné presque toujours l'examen des extraits chloroformiques de foies de mollusques, à savoir : première bande caractéristique, sur la raie B (division 28), très noire, la largeur variant de

25 à 31 ; la deuxième, faible, entre 42-46 ; la troisième, entre 62-66, dans le vert, entre D et E, vient après la première comme netteté ; la quatrième, dans le vert, après E, 75-82. L'addition d'acide ne change rien.

Nous ne doutons donc pas de l'identité de ce spectre avec celui de la chlorophylle ; c'est sur cette identité que nous nous fondons pour dire avec Mac Munn que le pigment alcoolique ou chloroformique du foie de l'escargot et de beaucoup de mollusques, contient une chlorophylle : nous l'appellerons l'*hépato-chlorophylle*.

110. Observations sur l'existence de l'hépato-chlorophylle. — Le problème se présente maintenant, à nouveau, de l'origine de cette chlorophylle, soulevé déjà à propos de l'anodonte. Cette chlorophylle est-elle propre au foie, ou est-elle étrangère à l'organe et empruntée à l'alimentation ? Est-elle réellement animale — ou au contraire, est-elle végétale et recouvre-t-elle, dans l'extrait alcoolo-chloroformique, un choléchrome plus ou moins abondant ?

La question se pose d'autant plus naturellement que chez l'escargot comme chez beaucoup de mollusques, les canaux biliaires sont de véritables diverticules de l'intestin ; c'est l'intestin qui se ramifie dans le foie. Il semble donc que la chlorophylle alimentaire pourrait refluer dans cet organe.

En fait, il y a eu de notre part une première constatation favorable à cette manière de voir.

Il s'agit de l'observation signalée plus haut à propos des anodontes. D'après Mac Munn, ces mollusques devraient donner une liqueur hépatique alcoolique à spectre chlorophyllien caractéristique. Or, chez les individus que nous avons conservés à la diète d'aliments verts, nous n'avons au contraire rencontré que le spectre continu.

Le problème de la nature animale ou végétale de la matière verte trouvée chez certains animaux, a été souvent discuté ; il a été résolu dans des sens différents. Il s'offrait ici chez l'escargot, une fois de plus, et dans des conditions où sa solution semblait possible. Nous allons rendre compte de nos recherches à cet égard. Mais auparavant, il faut examiner la sécrétion hépatique.

B. — *Sécrétion hépatique, bile de l'escargot.*

111.Manière de l'obtenir. — Nous avons dit qu'il était difficile, en général, d'obtenir en quantité suffisante la sécrétion hépatique chez les animaux de petite taille, chez les mollusques, chez les crustacés. Tout d'abord, cette sécrétion est très peu abondante ; en second lieu, elle est souillée par les matières alimentaires.

L'escargot toutefois présente une particularité qui supprime cette difficulté d'observation, ou, tout au moins, l'atténue.Il s'enferme dans sa coquille pour hiberner. Il sécrète un épiphragme qui clôt la coquille. Au-dessous de cet épiphragme on trouve,en général, un anneau noirâtre représentant les derniers excréments évacués. L'intestin désormais vide va se remplir de la sécrétion du foie (sécrétion ralentie sans doute pendant l'hibernation, comme les autres phénomènes vitaux), qui continuera à s'y accumuler au point de le distendre à la longue.

En ouvrant l'intestin de l'escargot en hibernation on recueillera donc cette sécrétion hépatique. C'est une masse plus ou moins consistante d'une belle couleur rouge-rubis ; cette liqueur a été vue par beaucoup d'observateurs. Krukenberg l'a nommée *hélicorubine* (1). On peut en recueillir

(1) Krukenberg, Ueber das Helicorubin und die Leberpigmente von Helix pomatia.*Vergleichende physiologische Studien*, IIe série, 1882, p. 63.

quelquefois près d'un demi-centimètre cube chez un seul animal.

Si l'on suit la matière en remontant jusqu'au cæcum intestinal où viennent déboucher les canaux hépatiques, on constate qu'elle remplit ces canaux et qu'elle constitue bien, par conséquent, la sécrétion du foie. Lorsque dans la dissection, l'on déchire accidentellement le tortillon, on détruit en même temps des canaux hépatiques ; on constate alors l'issue du liquide.

Sans soumettre l'animal à l'hibernation, on peut encore obtenir la bile, sans mélange d'autres matières colorantes, par l'un des deux moyens suivants : 1° le *jeûne*, qui ralentit la sécrétion sans la supprimer, 2° l'*alimentation avec des substances incolores*. C'est ce dernier procédé que nous avons employé. Nous avons mis des escargots pendant des mois, au régime des rondelles de navets, choisies de manière à éviter toute matière colorante, verte ou autre. Dans ces conditions les fèces sont peu colorées, et elles le sont seulement par la bile; l'intestin est rempli d'un liquide rougeâtre, qui est constitué en majeure partie par cette bile même, et que l'on recueille en sacrifiant l'animal.

Nous avons nourri également les escargots avec du papier-filtre, imprégné d'eau et de liquides nutritifs incolores.

112. Propriétés de la sécrétion hépatique. Spectre à deux bandes. Fer. — 1° La liqueur biliaire rouge-rubis ainsi obtenue présente une réaction légèrement acide, due au suc intestinal qui s'y mêle et qui a cette réaction.

2° La matière colorante est soluble dans l'eau ; insoluble dans le chloroforme, l'alcool, la benzine, etc.

3° Elle offre des *caractères spectroscopiques* remarquables, et qui ont été déjà signalés par Sorby (1876) et Mac Munn (1883) (1). C'est un *spectre à deux bandes*, comme celui de l'hémoglobine à laquelle on avait assimilé d'abord cette matière colorante (Krukenberg). Mais l'action des réducteurs, d'une part, qui ne font que renforcer ce spectre, et des acides de l'autre qui le font disparaître, a bien montré qu'il s'agissait ici d'un spectre identique à celui de l'hématine réduite ou l'hémochromogène.

Cette liqueur a en commun avec l'hémochromogène ce caractère remarquable, d'être riche en fer ; caractère qui n'avait pas été mis en lumière par les auteurs précédents et qu'a révélé notre analyse.

Fer. — Nous avons analysé cette sécrétion hépatique au point de vue du fer.

Expérience. — 40 escargots nous ont fourni une masse d'environ 10 grammes de sécrétion hépatique. Ces 10 grammes donnent à l'état sec, 0 gr. 400 de résidu, rouge sombre, soluble dans l'eau, insoluble dans l'alcool, l'éther, le chloroforme. L'analyse colorimétrique fournit 0 mg. 18 de fer ; soit pour 1 gramme de résidu sec 0 mg. 45. C'est plus que la bile vésiculaire de chien pour le même poids sec et au moins autant que la bile des canaux hépatiques du même animal ; c'est trois fois plus que le foie d'escargot pour le même poids sec.

Cette analyse, toutefois, ne nous apprend rien sur les tissus frais, ni sur la sécrétion normale dont nous ne connaissons point la quantité d'eau, laquelle peut être de 5 à 20 fois plus grande que celle du tissu hépatique.

Ce que nous devons retenir de cette analyse, c'est que le fer existe en quantité très appréciable dans la sécrétion

---

(1) Sorby, On the evolution of Hemoglobin. *Quar . Journ. Micr. Sc.*, t. XVI, p. 77. — C. A. Mac Munn, Observations on the Colouring matters of the socalled Bile of Invertebrates, etc. *Proceedings of the Royal Sociéty*, t. XXXV, p 377.

du foie de l'escargot et que les proportions n'en sont pas moindres que dans la bile des vertébrés.

De cette nouvelle détermination, rapprochée de toutes les précédentes, ressort avec évidence le *caractère de la bile comme voie universelle d'élimination du fer, chez tous les animaux*.

113. Identité du pigment de la sécrétion hépatique avec le pigment aqueux hépatique. — Si l'on compare le pigment aqueux du foie avec le pigment de la sécrétion hépatique, on est amené à conclure à l'identité de ces deux pigments par deux raisons, tirées l'une de la composition, l'autre de l'analyse spectroscopique.

1o L'un et l'autre sont riches en fer ; ils contiennent la *même quantité de fer*.

Expérience. — On prend la poudre sèche de foie d'escargot. On épuise cette poudre par de l'eau distillée alcalisée très légèrement par quelques gouttes de la solution de carbonate de soude à 2 0/0. Le pigment aqueux entre en solution. On évapore cette solu ion et on analyse par rapport au fer. 10 grammes de liquide ont fourni 0 gr. 250 de résidu sec, contenant comme fer 0 mgr. 12; soit pour 1 gramme sec = 0 mgr. 48.

Tout à l'heure, la sécrétion hépatique nous avait donné pour 1 gramme sec = 0 mgr. 45. Ce chiffre coïncide suffisamment avec le précédent, 0 mgr. 48 de fer pour 1 gramme sec de pigment aqueux.

2° Les spectres sont *sensiblement identiques*.

Le pigment aqueux ferrugineux donne le spectre à deux bandes : 59-62 ; 68-72, suffisamment superposables à celles du pigment hépatique 55-60, 68-72 ; et ces spectres se comportent de même. Ils sont inaltérés par le sulfhydrate d'ammoniaque, etc. ; ils sont détruits par les acides forts.

On notera cette conséquence remarquable des observations précédentes :

La macération légèrement alcaline du liquide est très analogue à la sécrétion de l'organe. Ce n'est pas le cas, chez les vertébrés ; la macération du foie y est très distincte de la bile.

114. Existence des pigments hépatiques, aqueux et chloroformique, dans la coquille. — On prend l'escargot gris (Helix aspersa) et l'on cherche à se procurer les matières colorantes de la coquille.

Expérience. — On isole les coquilles ; on pulvérise. On traite par le chloroforme ou l'alcool. On obtient ainsi une liqueur colorée en rouge-jaune qui présente sensiblement les mêmes caractères que le pigment chloroformique du foie ; en particulier, le même spectre à 4 bandes que ce pigment alcoolique.

La poudre épuisée par l'alcool et le chloroforme est traitée par un acide étendu pour décalcification. Après neutralisation, une partie a est soumise à la digestion papaïnique. Elle donne une liqueur colorée en jaune-brun. C'est précisément le pigment aqueux. On s'assure de cette identité par l'identité des spectres et de la teneur en fer.

Dans une seconde partie b, on détermine la quantité de fer directement par la méthode colorimétrique. On a soin de séparer par filtration le dépôt calcique, avant de porter dans le colorimètre.

La coquille contient donc les mêmes matières colorantes que nous avons trouvées dans le tissu hépatique. Déjà, dans le chapitre précédent, nous avions mis en lumière ce double rapport entre l'organe hépatique et l'appareil tégumentaire, en montrant que le foie contient des sels alcalino-terreux et du fer, comme la coquille : nous voyons ici que la coquille contient (entre autres) les mêmes pigments que le foie.

115. Rapports entre le foie et la coquille. — Nous avons déjà signalé ce fait intéressant, qu'à certains moments le foie se charge d'une grande quantité de sels alcalino-terreux analogues à ceux de la coquille.

C'est surtout dans la période de croissance et d'activité vitale, après que l'animal est sorti du sommeil hibernal au printemps et dans les commencements de l'été que cette provision de matériaux terreux se rencontre abondamment dans le foie.

Le fait a été constaté par nous d'une façon répétée. Nous avons entrepris à cet égard des déterminations quantitatives, qui seront publiées plus tard. Elles préciseront la conclusion générale que nous énonçons ici en signalant le parallélisme, à la fois qualitatif et quantitatif, des matériaux terreux dans la coquille et dans le foie.

Cette accumulation de sels minéraux alcalino-terreux dans le foie de l'escargot ne pouvait avoir entièrement échappé aux observateurs. Nous en avons, en effet, trouvé mention dans différentes publications.

Barfurth, dans une étude particulièrement anatomique, distingue dans le foie de l'escargot trois espèces de cellules, dont l'une est spécialement destinée à la production et au dépôt des éléments calcaires ou terreux.

Max Levy, en 1890 (1), a publié des analyses de foies d'escargot (*Helix pomatia*). Il traitait ces foies successivement par l'alcool froid, par l'éther, par l'eau, par l'eau salée (NaCl 10 0/0) ; et il analysait l'extrait alcoolique, l'extrait éthéré, l'extrait aqueux, surtout au point de vue qualitatif.

Parmi les résultats quantitatifs, voici ceux qui nous in-

(1) MAX-LEVY, Zoochemische Untersuchung der Mitteldarmdrüse (Leber) von Helix Pomatia. *Zeitschrift für Biologie*, IX, 1892, p. 398.

téressent ici. Chez l'escargot en hibernation, le résidu sec du foie est de 25,73 0/0 : le coefficient d'hydratation calculé d'après ce chiffre serait de 3.88. Nous avons trouvé 3.80. La différence n'est que de 8 centièmes ; mais elle disparaîtrait certainement si l'on considère que le résidu sec de l'auteur a déjà été épuisé par l'éther, l'alcool, l'eau salée et l'eau, et qu'il a cédé à ces dissolvants une quantité de matière suffisante pour expliquer cet écart de 8 centièmes. La quantité de matières minérales obtenue après macération est de 2.88 du poids frais et 11.16 du poids sec.

Les mêmes déterminations faites au mois de mai (période de vie active) sur des animaux comparables, ont fourni les résultats suivants : résidu sec du foie : 23.97 0/0 ; coefficient d'hydratation (un peu forcé) à cause des épuisements préalables, 4,1 ; cendres : 5,21 du poids frais ou 20,30 du poids sec.

On voit donc ressortir de ces chiffres le même fait remarquable de l'accroissement considérable des sels minéraux du foie dans la période d'activité (accroissement).

Il résulte de ce qui précède la démonstration de rapports intimes entre le foie et la coquille, au point de vue de leurs trois espèces de matériaux constituants : à savoir, le fer, — les matériaux alcalino-terreux, — les pigments ; ils y existent dans le même état et dans des proportions semblables liées d'un organe à l'autre.

On pourrait exprimer cette liaison en disant que les choses se passent comme si le foie servait de dépôt ou de réserve, pour les matériaux destinés à l'édification de la coquille. Il serait « l'entrepôt » des pigments tégumentaires et aussi des éléments minéraux tégumentaires, composés alcalino-terreux et fer.

116. Nature de la chlorophylle hépatique. — Nous
savons dès à présent que le foie d'un très grand nombre
d'animaux, la plupart des mollusques, contient un pigment chlorophyllien. C'est, pour parler d'une façon plus
précise, une *xanthophylle*.

Nature de la chlorophylle hépatique. — Expliquons
d'abord ce point. La chlorophylle végétale est un mélange
de deux substances, l'une *bleue, cyanophylle* (Kraus, 1872)
ou *phylloxanthine* de Fremy (1866), à réaction plus acide,
soluble dans l'éther de pétrole (essence minérale) et dans
l'alcool bouillant; et une autre, de couleur jaune, *xanthophylle* (Kraus) ou *phylloxanthine* de Fremy, à réaction
moins acide, soluble dans le chloroforme et l'alcool. Dans
les parties vertes ces substances existent à l'état de mélange
dont les proportions varient selon les circonstances.
Fremy qui a eu le mérite de les bien distinguer prétendait
qu'elles se trouvaient à l'état de combinaison dans la
chlorophylle, la seconde jouant dans cette combinaison le
rôle d'alcali par rapport à la première. Il est plus vraisemblable qu'il y a mélange dans lequel varieraient les proportions de l'une et de l'autre, et même, l'état de chacune
d'elles, par suite de ce fait qu'elles sont inégalement alté-
rables par les divers agents. Ajoutons encore que l'une
comme l'autre pourrait s'unir aux alcalis pour former des
sortes de sels plus ou moins solubles.

Quant aux **caractères spectroscopiques** de la chlorophylle, ils varient selon les proportions du mélange, on le
comprend facilement, et aussi selon la concentration.

Cette seule remarque explique les divergences des observateurs qui distinguent dans le spectre de la chlorophylle, deux, trois, quatre bandes, ou raies d'absorption
tandis que d'autres en décrivent jusqu'à sept.

Mais ce qui est invariable, c'est la première bande, bande de Brewster (1834), dans le rouge, entre B et C, et, presque au contact de B. Elle est tout à fait caractéristique ; elle suffit à distinguer la substance, grâce à des traits spéciaux qui, comme l'a montré J. Chautard (1875), n'appartiennent à aucun autre liquide organique. Ces caractères sont les suivants : 1° *sensibilité*, à cause de ses bords nets, sa position fixe, son existence dans les dissolutions les plus étendues jusque au-dessous de un dix-millième ; 2° *sûreté*, à cause du dédoublement remarquable qu'elle éprouve sous l'influence des alcalis ; 3° *généralité*, exprimant sa constance partout où existe une chlorophylle pure ou altérée.

A cette raie spécifique, s'en joignent trois autres, dans le cas où l'on examine une *xanthophylle* à peu près complètement débarrassée de cyanophylle, dans des conditions convenables. Le spectre à quatre bandes peut donc être considéré comme habituel à la xanthophylle. Nous l'avons retrouvé avec la xanthophylle extraite de diverses plantes, évonymus, etc., en examinant sous l'épaisseur de 1 centimètre la solution alcoolique-chloroformique à un degré de concentration répondant à la teinte jaune-clair légèrement orangé.

Cette observation identifie notre spectre à quatre bandes, présenté par la macération chloroformique du tissu hépatique avec celui des macérations végétales observées par J. Chautard (1875) et Tschirch (1883) (1). Elle nous permet d'affirmer que le foie des mollusques contient une chlorophylle ; c'est l'hépatoxanthophylle (2).

(1) J. CHAUTARD, *Les spectres de la chlorophylle.* Nancy, 1875.
(2) Nous rappelons que Mac Munn a aperçu quelquefois au cours de son travail ce spectre à quatre bandes. Mais il n'a pu l'interpréter

117. Origine de la xanthophylle hépatique. — A. *Arguments en faveur de l'origine animale.* — B. *Arguments en faveur de l'origine végétale.* — C. *Expérience décisive.* — D. *Conclusion.*

Abordons maintenant la question de l'origine de ce pigment chlorophyllien. C'est le même problème qui s'est posé dans tous les cas nombreux où l'on a rencontré de la chlorophylle chez les animaux, — le problème de la *chlorophylle animale*. Peut-être présente-t-il, pour la solution, des conditions de simplicité et de facilité exceptionnelles, lorsqu'on l'examine dans le cas particulier du foie de l'escargot.

Il s'agit donc de savoir si la chlorophylle du foie est propre à cet organe ; si elle est fabriquée par l'organisme de l'escargot, avec ses propres ressources. Si c'est une xanthophylle animale. Voilà l'une des alternatives A.

L'autre alternative B est la suivante : la chlorophylle hépatique est une substance extérieure à l'organisme, venue du dehors avec la nourriture, d'importation étrangère, alimentaire, d'origine végétale, qui s'est simplement fixée dans le foie par suite de conditions favorables particulières.

Telles sont les deux alternatives. Disons tout de suite qu'elles sont également vraisemblables d'avance, et même

correctement. Il l'a attribué au mélange de deux substances, une chlorophylle correspondant aux deux premières raies et l'hématine réduite correspondant aux deux dernières. Il ne pouvait pas éviter cette confusion, et cela pour deux raisons : la première c'est qu'il n'épuisait pas préalablement le tissu hépatique des pigments aqueux qui, comme l'hémochromogène, peuvent partiellement se dissoudre dans l'alcool ; la seconde c'est qu'au lieu de recourir au chloroforme il n'employait précisément comme dissolvant que l'alcool, capable d'entraîner ces divers pigments.

qu'elles s'accordent également bien avec les premières expériences rapportées jusqu'ici.

I. — A. *Arguments en faveur de la chlorophylle animale. Expériences.*

α. *Valeur secondaire du pigment chlorophyllien.* — La chlorophylle n'offre, *a priori*, rien de spécial aux végétaux. Les études anciennes et récentes sur l'étiolement, montrent bien que ce qui est caractéristique de la synthèse chlorophyllienne et par conséquent de la vie des végétaux verts, c'est le chloroleucite. C'est ce petit organe intra-cellulaire qui se teint de chlorophylle ; il travaille chimiquement à la synthèse des hydrates de carbone, lorsque sa teinture chlorophyllienne lui permet de disposer pour ce travail de l'énergie des radiations lumineuses absorbées par le pigment ; mais, ces radiations peuvent être remplacées par une autre source d'énergie (sucre, etc.). C'est donc le chloroleucite qui est essentiel au point de vue végétal et non la chlorophylle.

β. *Analogie de la chlorophylle avec les pigments biliaires.* — En fait, il y a chez les animaux des pigments très analogues à la chlorophylle. Tels sont par exemple les pigments biliaires. Berzelius (1832) confondait la biliverdine des vertébrés avec la chlorophylle véritable. Stokes (1863) et plus tard A. Gautier (1879) ont insisté sur ces analogies de la chlorophylle avec la matière colorante de la bile. Elles sont, en effet, assez frappantes, si l'on compare la biliverdine à la xanthophylle. Les dissolvants sont les mêmes, par excellence le chloroforme ; semblable, encore, le rôle d'acide faible ; semblables, les combinaisons avec les alcalis et la mutabilité de ces sels ; il y a également des analogies dans l'action des agents réducteurs, et dans celle des agents oxydants, et des hydratants. C'est un point que nous examinerons plus tard.

γ. *Conservation de la chlorophylle hépatique pendant le jeûne hibernal.* — Nos premières expériences semblent favorables à la supposition d'une origine animale de la chlorophylle hépatique. Les escargots, examinés à la fin de l'hiver, après une période de plusieurs mois d'hibernation pendant laquelle ils n'ont point pris de nourriture, et par conséquent point de chlorophylle végétale, offrent encore dans leur foie l'hépato-xanthophylle. En particulier, nous avons constaté le fait sur des escargots fermés depuis le milieu d'octobre jusqu'au milieu d'avril, c'est-à-dire pendant six mois. L'animal a vidé son intestin sous l'épiphragme, au début de son inclusion et continue de produire une sécrétion hépatique rouge [hélicorubine de Krukenberg, hémoglobine de Lankester, hématine réduite de Sorby] capable d'éliminer, semble-t-il, les éléments végétaux introduits antérieurement. La xanthophylle n'a cependant point été entraînée ; elle subsiste dans le foie. D'autre part, on n'en trouve pas sensiblement dans la sécrétion.

Ces expériences ont été d'abord interprétées comme la preuve que le foie fabrique lui-même sa chlorophylle au lieu de la recevoir toute faite du dehors (1). Mais cette conclusion excède le fait. L'expérience prouve simplement que la chlorophylle hépatique peut n'être pas d'importation alimentaire récente : le foie possède à son égard tout au

____

(1) C'est la conclusion de Mac Munn.— Mais, si l'on remonte à l'observation qui a inspiré cette conclusion du savant anglais (*loc. cit.*, p. 360), il semble qu'elle ne s'applique pas précisément à l'hépato-chlorophylle, et que ce soit l'hémochromogène qui aurait été retrouvé après six mois de jeûne.

moins une *faculté de fixation* à la fois énergique et persistante. La conclusion ne va pas plus loin.

En résumé, il y a des probabilités pour l'origine animale de l'hépato-xanthophylle : mais jusqu'ici rien de péremptoire.

II. — B. *Arguments en faveur de l'origine végétale.*

α. *Pénétration dans le foie de la chlorophylle alimentaire.* — Il faut noter, avant tout, la possibilité que les aliments chlorophylliens pénètrent dans le foie. Nous avons, en effet, signalé précédemment la disposition particulière des canaux hépatiques chez l'escargot et d'autres mollusques. Ces canaux sont en facile communication avec l'intestin. Ce sont des diverticules du tube digestif très accessibles, par voie de reflux, au contenu de ce tube.

β. *Conservation possible de la chlorophylle alimentaire.* — Une fois arrivée dans les canaux biliaires la chlorophylle végétale, alimentaire, est fixée certainement par le tissu hépatique : nous venons d'insister (A, γ) sur cette faculté de fixation.

La chlorophylle ainsi fixée dans le foie peut s'y conserver très longtemps. Cette conservation de la chlorophylle, ou, pour parler plus exactement, de ses caractères spectroscopiques est un fait très remarquable. Wohl (1865) a retrouvé le spectre chlorophyllien après plus de dix ans, dans des feuilles qui avaient été gelées, puis abandonnées dans un vase, humectées d'eau distillée. On a observé ce même spectre sur des feuilles sèches conservées depuis plus de trente ans. On a vu la raie spécifique de Brewster dans le terreau et la terre de bruyère. On la reconnaît dans les feuilles

de thé qui ont subi l'infusion et que l'on rejette de la
théière. J. Chautard s'est assuré de la présence de la
chlorophylle dans les résidus de la digestion, chez
l'homme, les animaux de boucherie, le chien, le chat,
le lièvre, le lapin, la cantharide, le hanneton, et, enfin,
dans les *egesta* de l'hélix. Les résidus digestifs conti-
nuent à présenter les mêmes caractères spectroscopiques après plusieurs jours d'abstinence d'aliments chlorophyllés.

γ. *Inconstance accidentelle du pigment hépatique chlorophyllien*. — Nous savons maintenant que la chlorophylle végétale, alimentaire, peut pénétrer dans le foie
du mollusque, s'y fixer et s'y conserver ; et c'est ce
dernier fait qui enlève toute valeur décisive à l'observation qui nous avait tant frappés au début, Mac Munn
et nous à savoir, l'existence du pigment xanthophyl-
lien dans le foie des escargots après six mois de jeûne
hibernal. Une telle persistance expliquerait la présence
très générale de l'hépato-xanthophylle dans le foie des
mollusques, alors même que cette substance serait d'o-
rigine végétale.

Mais cette existence très générale comporte des exceptions, et c'est l'une d'elles qui nous a mis en éveil. La voici :
Au cours de nos études, nous avons eu l'occasion de rechercher l'hépato-xanthophylle chez des anodontes, d'ailleurs bien portantes, conservées dans un aquarium à eau
très courante, et ne recevant pas d'aliments chlorophyllés.
La chlorophylle hépatique faisait défaut dans leur foie.
D'autre part, dans les échantillons qu'a examinés Mac
Munn, ce pigment était présent. Cette observation a at-
tiré notre attention sur le caractère contingent du pigment en question. Nous nous sommes proposé de repro-

duire expérimentalement cette contingence, c'est-à-dire de faire apparaître ou de supprimer à volonté chez l'animal l'hépato-xanthophylle. Nous y sommes parvenus en réglant le régime. L'expérience suivante nous paraît, à cet égard, décisive.

III. — *Suppression de la chlorophylle hépatique par privation d'aliments chlorophyllés.*

Nous avons opéré sur les escargots ; après la période hibernale, nous avons nourri pendant tout l'été et l'automne une centaine d'escargots avec des aliments privés de chlorophylle.

Nous les avons sacrifiés successivement, depuis le mois de juillet jusqu'au mois de novembre 1898.

L'expérience a donc duré un an en moyenne.

EXPÉRIENCE. — Les animaux recueillis au mois d'octobre 1897, conservés dans une cave obscure, sont sortis d'hibernation vers le milieu de mars 1898. On en a fait trois lots. Le premier lot, de beaucoup le plus nombreux, a été nourri exclusivement de navets exactement nettoyés et débarrassés de toute matière verte.

Le second lot a été nourri de plantes étiolées. Nous avons fait germer à l'obscurité des graines de haricots ; nous les avons arrosés d'une dissolution sucrée, de manière à permettre leur croissance au delà des premières feuilles et d'avoir ainsi des plantes assez développées pour pouvoir servir à l'alimentation de tout le lot d'animaux.

Le troisième lot, laissé à la lumière, a été nourri avec du papier à filtre imprégné de diverses substances alimentaires, amidon, gélatine, peptone, sels de fer, ferrine.

Ces animaux ont servi à des déterminations diverses, dont quelques-unes n'ont rien à faire avec le sujet qui nous occupe actuellement ; par exemple à celle du fer hépatique. Deux groupes de 10 escargots, empruntés aux lots 1 et 3, ont été examinés au point de vue des pigments hépatiques. Le tissu hépatique séché a été épuisé par le chloroforme. La liqueur est légèrement colorée. Elle contient donc un pigment. Il n'a pas les caractères spectroscopiques de la chlorophylle ; mais seulement ceux du *choléchrome*.

IV. — *Conclusion*.

Le résultat de cette expérience est très net. La conclusion en est évidente. Il n'y a pas d'hépato-xanthophylle chez nos animaux, et cette suppression coïncide avec la suppression absolue et suffisamment prolongée de tout aliment chlorophyllé.

Nous concluons de là que : *La chlorophylle hépatique n'est pas un produit animal fabriqué par le foie ; c'est une chlorophylle végétale, venant des aliments, fixée seulement et conservée d'une façon remarquable dans le tissu hépatique.*

Entre le résultat de notre expérience et la conclusion que nous en tirons, il semble bien qu'il n'y ait point de fissure (1). C'est certainement la modification du régime qui a fait changer le pigment hépatique, car en remettant au régime ordinaire chlorophyllé ces animaux, ils n'ont pas tardé à récupérer leur hépato-xanthophylle.

§ 2. — Crustacés.

118. Pigments hépatiques chez l'écrevisse et le homard. Ferrine et choléchrome. — Le petit nombre de crustacés que nous avons examinés nous ont fourni des résultats qui se superposent exactement à ceux des vertébrés et de la seiche. Nous avons trouvé chez l'écrevisse un pigment aqueux, ferrugineux, identique à la *ferrine* ; et en second lieu, extrêmement abondant, un pigment chloroformique, avec spectre continu, identique au choléchrome.

(1) La seule objection que nous apercevions c'est que dans sa longue conservation à la lumière, la poudre de foie aurait pu perdre son pigment chlorophyllien. Nous recommencerons une autre série d'expériences pour écarter cette dernière suspicion. Elle est sans doute peu fondée, car le pigment s'est conservé, en des conditions semblables, dans des poudres qui le contenaient réellement.

Même chose chez le homard, sauf que nous avons trouvé le choléchrome ou pigment huileux beaucoup moins abondant, quoique le foie fût infiniment plus riche en matière grasse.

§ 3. — Conclusions.

119. Conclusions relatives aux invertébrés. — On peut résumer dans les propositions suivantes les principaux résultats indiqués au cours de cette étude sur les pigments hépatiques des invertébrés.

1° Chez les invertébrés à organe hépatique distinct, mollusques, crustacés, le foie présente deux espèces de pigments ; un *pigment aqueux* et un ou deux *pigments chloroformiques*, différents entre eux. Le pigment aqueux est en même temps ferrugineux ; le ou les pigments chloroformiques contiennent peu ou point de fer.

2° Les céphalopodes offrent deux types : l'un, représenté par la seiche, a les mêmes pigments hépatiques que les vertébrés, à savoir : le pigment aqueux ferrugineux, appelé *ferrine* ; le pigment chloroformique, identique au *choléchrome*, caractérisé par son spectre continu.

L'autre type, représenté par le poulpe commun, offre le pigment aqueux ferrugineux, *ferrine* ; mais le pigment chloroformique, choléchrome, peu abondant dans les types que nous avons examinés (à foie peu chargé de graisse) était masqué par un pigment chloroformique spécial, qui s'offre seul à l'examen. Celui-ci présente un spectre à quatre bandes confondues avec celles des chlorophylles ; c'est l'*hépatochlorophylle* ou *hépatoxanthophylle*.

3° On trouve chez les lamellibranches les deux types que l'on vient de signaler chez les céphalopodes.

L'un et l'autre ont en commun le même pigment aqueux ferrugineux, la *ferrine* ; ils diffèrent par le pigment chloroformique. Quelques-uns, comme l'anodonte, dans les circonstances où nous l'avons examinée, semblables en cela aux vertébrés et à la seiche, manifestent le *cholé-chrome*, à spectre continu. La plupart, huître, moule, pecten, montrent surtout l'*hépatochlorophylle* à quatre bandes.

4° Chez les gastéropodes pulmonés (escargot) le pigment aqueux ferrugineux (spectre à deux bandes) est formé par l'*hémochromogène*, noyau fondamental de l'hémoglobine qui, cependant, n'existe pas chez ces animaux. L'hémochromogène remplace donc chez ces seuls mollusques la ferrine que nous avons trouvée chez tous les autres, tant vertébrés qu'invertébrés.

Le pigment alcoolo-chloroformique semble uniquement constitué par l'*hépatochlorophylle* (spectre à quatre bandes). Mais lorsque l'hépatochlorophylle est amenée à disparaître (conditions expérimentales d'alimentation) on retrouve le choléchrome qui existait sous le précédent pigment.

5° La *sécrétion hépatique* de l'escargot contient un pigment identique au pigment aqueux du tissu hépatique de cet animal ; c'est l'hémochromogène. Elle contient la même quantité de fer que la macération hépatique ; environ 0 mgr. 45 par gramme sec. Pour ces deux raisons on peut identifier la *sécrétion à la macération* du tissu.

6° Il existe une étroite relation, chez l'escargot, entre le foie et la coquille. La coquille est colorée par les mêmes pigments que le foie ; elle contient du fer, comme celui-ci ; et, inversement, au moment de l'accroissement de la coquille, le foie est chargé des mêmes sels alcalino-terreux qui sont utilisés pour cet accroissement. Les choses se passent comme si le foie servait d'entrepôt aux matériaux cochléaires.

7° Chez les crustacés que nous avons examinés (écrevisse, homard), on retrouve les deux mêmes pigments que chez les vertébrés et la seiche, à savoir la *ferrine* et le *choléchrome*.

120. Conclusions générales. — Cette étude sur les pigments hépatiques conduit, comme celle du fer hépatique, exécutée antérieurement par nous, à des résultats d'une réelle simplicité, et d'une identité à peu près complète dans tout le règne animal. Chez tous les animaux, le foie présente dans ses fonctions que nous avons récemment signalées, d'*organe pigmentaire* et d'*organe ferrugineux*, une constance et une fixité certaines. L'homologie physiologique du foie se soutient donc partout, contrairement à l'opinion qui veut le réduire chez les invertébrés au rôle d'un simple pancréas.

Nous indiquerons d'abord les différences entre les vertébrés et invertébrés.

I. *Différences*. — A. —La première est relative à la distinction entre le tissu du foie et sa sécrétion, quant aux pigments qui les colorent. Chez les vertébrés, les pigments hépatiques sont distincts des pigments biliaires. Cela tient à ce que, chez eux, il n'y a aucun rapport entre la macération du tissu hépatique et sa sécrétion ou bile. Le foie, à l'inverse des glandes digestives, salivaires, gastriques, pancréatique, n'abandonne à l'eau qu'une liqueur sans ressemblance avec la sécrétion de cet organe.

Chez les invertébrés, au contraire, les pigments hépatiques se confondent en partie (pigment aqueux) avec les pigments de la sécrétion biliaire. Et cela tient à ce que, à l'inverse de ce qui avait lieu tout à l'heure, la macération hépatique reproduit la sécrétion hépatique ; le foie abandonne à l'eau une liqueur très ressemblante à cette sécrétion. Nous en avons fourni la preuve, à propos de l'escargot (119, 5°).

B. — La seconde différence consiste, ainsi que l'ont montré déjà avant nous Krukenberg et Mac Munn, dans l'absence d'acides choliques dans la sécrétion de l'invertébré, même lorsqu'elle est amère, opposée à leur présence constante dans la bile du vertébré.

C. — La troisième différence est relative à l'existence dans le foie des invertébrés de ferments digestifs qui n'auraient pas encore été démontrés dans le foie des vertébrés. Ce résultat tient peut-être à ce que l'on n'a pas su les y rechercher, car dans des conditions convenables, M. U. Gayon et M. Dastre (1889) ont extrait un ferment inversif, et MM. Arthus et Huber y ont démontré l'amylase (1).

II. *Analogies*. — Au point de vue des pigments, l'analogie est complète dans toute la série animale. Le foie présente partout les mêmes pigments, la ferrine et le choléchrome. C'est la traduction précise de ce fait d'observation universelle que, chez tous les animaux, le foie présente sensiblement la même coloration dans la gamme du jaune au brun rouge. Cette loi d'identité ne comporte que deux exceptions, dont l'une purement apparente.

A. — Le premier pigment (pigment aqueux, *ferrine*) est soluble dans l'eau légèrement alcaline ou chargée de substances salines et organiques. Il s'obtient chez tous les

---

(1) Le procédé de plasmolyse anesthésique que nous avons eu l'idée d'employer comme méthode générale de préparation des sucs cellulaires paraît, d'après nos expériences préliminaires, convenir parfaitement à ces recherches.

animaux par les mêmes procédés d'extraction (digestion papaïnique, macération alcaline, etc.) ; il existe dans la sécrétion, contrairement aux auteurs comme Hoppe-Seyler et G. Bunge qui ont cru la sécrétion hépatique incolore chez les animaux privés d'hémoglobine ; il est riche en fer.

La seule exception est présentée par les gastéropodes pulmonés (escargots) qui, au lieu de ferrine, possèdent l'*hémochromogène*, plus riche encore en fer que la ferrine et offrant un spectre à deux bandes. Il faut noter que l'hémochromogène constitue le noyau fondamental de l'hémoglobine qui fait défaut chez ces animaux.

B. — Le second pigment universel est le *choléchrome*. Il est soluble dans l'alcool et le chloroforme. Il s'obtient en traitant par ces dissolvants le tissu sec. Il n'existe pas dans la sécrétion. Il ne contient pas de fer. Son spectre est continu. Il est intermédiaire aux lipochromes et aux pigments biliaires. Il est abondant chez certains animaux, en particulier chez ceux dont le foie est riche en graisse, ce qui peut tenir à l'espèce (homard) mais aussi aux conditions physiologiques, alimentation abondante. Il est rare chez les animaux à foie maigre, inanitiés.

Le second pigment est masqué dans la plupart des cas et relégué au second plan par un pigment très répandu, abondant, à caractères tranchés, qui n'est autre chose qu'une chlorophylle, ou mieux une xanthophylle. Celui-ci présente un spectre caractéristique à quatre bandes, dont la première, dans le rouge, an contact de B est tout à fait distinctive. Nous ne l'avons pas rencontré chez les crustacés, dont le foie est gros et contient le choléchrome en assez forte proportion : mais on le trouve chez la plupart des mollusques (no 119, 2°, 3° et 4°). Il y a donc chez ces animaux, une chlorophylle hépatique, une *hépatochloro-phylle* et *hépatoxanthophylle*.

Quant à l'origine de cette *hépatoxanthophylle*, elle soulève le problème général de la chlorophylle animale. Le pigment chlorophyllien est-il propre à l'organisme animal ; lui est-il, au contraire, étranger et de provenance extérieure, végétale et alimentaire ? Nos expériences concluent dans ce dernier sens. En supprimant toute alimentation chlorophyllée pendant un temps suffisant chez l'escargot, nous avons fait disparaître du foie le pigment chlorophyllien.

121. Observation. — Nous avons examiné, dans l'étude qui précède, les pigments généraux et constants du foie. Nous avons dû laisser de côté les pigments plus ou moins accidentels qui peuvent y exister.

En ce qui concerne le foie des Invertébrés on peut y trouver, à l'état d'accident plus ou moins régulier, des pigments accessoires ; par exemple, la tétronérythrine, chez les crustacés, aux époques de mue.

En ce qui concerne les Vertébrés, il semble, d'après des observations que M. Lapicque poursuit dans notre Laboratoire de la Sorbonne, que leur foie acquière un pigment noir qui s'accroît avec l'âge. Ce pigment serait en relation avec l'absorption par le foie de l'hémoglobine dissoute. Tout au moins, il s'accroît considérablement à la suite d'injections intra-veineuses d'hémoglobine. Le foie, alors, devient noir. A l'état normal, le même phénomène doit pouvoir se produire à quelque degré, par suite de la destruction des globules rouges. Mais ce pigment ne semble exister ni chez l'animal très jeune, ni chez l'albinos.

TABLE DES MATIÈRES

CHAPITRE III

Variétés des pigments biliaires. — Biles des divers animaux.

CHAPITRE IV

Résumé et conclusions.

DEUXIÈME PARTIE

LE FER HÉPATIQUE.

§ 1. — Méthode employée pour la détermination quantitative du fer.

TROISIÈME PARTIE

PIGMENTS DU FOIE EN GÉNÉRAL

CHAPITRE PREMIER
Pigments hépatiques en général.

CHAPITRE II
Pigments hépatiques des vertébrés.

§ 1. — Pigments hépatiques chez les mammifères.

A. — MÉTHODE POUR L'ISOLEMENT DES PIGMENTS.

B. — PIGMENT HÉPATIQUE AQUEUX.

C. — PIGMENT CHLOROFORMIQUE.

§ 2. — Pigments hépatiques chez les autres vertébrés.

CHAPITRE III

Pigments hépatiques chez les invertébrés.

§ 1. — Mollusques.

A. — Céphalopodes.

B. — Lamellibranches.

C. — Gastéropodes (Escargots).

a. — Pigments hépatiques.

Imp. G. Saint-Aubin et Thevenot.— J. Thevenot, successeur, St-Dizier (Hte-Marne)

RECHERCHES

SUR LES

MATIÈRES COLORANTES DU FOIE

ET DE LA BILE

ET SUR LE FER HÉPATIQUE

PAR MM.

A. DASTRE

PROFESSEUR DE PHYSIOLOGIE A LA FACULTÉ DES SCIENCES DE PARIS

ET

N. FLORESCO

DOCTEUR ÈS-SCIENCES

PARIS

G. STEINHEIL, ÉDITEUR

2, RUE CASIMIR-DELAVIGNE, 2

1899